海军重点建设教材

复合材料胶接修理

赵培仲　苏洪波　戴京涛　编

U0302381

电子工业出版社

Publishing House of Electronics Industry

北京 · BEIJING

内 容 简 介

本书围绕复合材料修理技术方法、工艺流程展开，重点突出实践操作和技能实训。本书编写采用项目任务的方式进行，项目一和项目二主要是复合材料基础知识，包括复合材料的基本概念、组成、性能特点、应用等。项目三主要是湿铺法制备复合材料层压板的工艺方法和相关专业知识。项目四是复合材料层压板的性能测试方法及机械加工方法等专业知识。项目五是复合材料层压板的胶接修理工艺方法，以及与此相关的必要的专业知识，包括复合材料结构损伤的主要类型、无损检测方法和一般的修理设计等。项目六主要介绍复合材料胶接修理金属损伤结构的工艺方法和相关的专业知识。项目七和项目八是蜂窝夹芯结构的制备和损伤修理工艺方法，以及蜂窝夹芯结构的特点、损伤类型和修理设计等必要的专业知识。项目九是关于复合材料结构老化的试验方法，通过试验了解湿热等环境因素对复合材料力学性能的影响。

本书可以作为结构修理专业学生的教材，也可以作为从事复合材料结构修理工作的专业技术人员的参考资料。

未经许可，不得以任何方式复制或抄袭本书之部分或全部内容。

版权所有，侵权必究。

图书在版编目（CIP）数据

复合材料胶接修理/赵培仲等编. —北京：电子工业出版社，2018.12

ISBN 978-7-121-35232-4

Ⅰ．①复… Ⅱ．①赵… Ⅲ．①复合材料－胶接－维修 Ⅳ．①TB33

中国版本图书馆 CIP 数据核字（2018）第 232391 号

策划编辑：张正梅
责任编辑：刘小琳
印　　刷：三河市鑫金马印装有限公司
装　　订：三河市鑫金马印装有限公司
出版发行：电子工业出版社
　　　　　北京市海淀区万寿路 173 信箱　邮编　100036
开　　本：720×1000　1/16　印张：7.5　字数：150 千字
版　　次：2018 年 12 月第 1 版
印　　次：2018 年 12 月第 1 次印刷
定　　价：69.00 元

言

量高，抗疲劳、耐腐蚀性能优异及可
越来越广泛的应用。目前，树脂基
件拓展到机身等主承力构件，其用
复合材料应用领域和应用范围的不断拓展，
越来越多，而且在复合材料及其结构的制造过程中也会
这些结构损伤或缺陷都需要采用适当的技术和工艺进行修理，因
合材料结构的修理也逐渐成为必须面对的课题。和传统金属等均质的各向同性材料不同，复合材料具有各向异性的特点，其修理技术工艺也因此而不同。在实施修理的时候，必须考虑原有复合材料结构的纤维铺层设计、树脂基体类型、固化工艺等因素。目前，国内复合材料结构损伤修理还处在跟踪研究阶段，缺乏成熟的标准规范，本教材是在参考国内外文献的基础上，针对初学者和从事具体修理操作的人员编写的。学员通过本教材的学习能够掌握基本的修理技术方法和工艺。

复合材料结构损伤修理的方式主要包括机械连接和胶接两种。虽然机械连接使用起来相对方便快捷，但是，紧固件孔会造成对结构的二次损伤，补强板和原结构还可能会因为热性能不匹配，在加热固化时产生热应力等问题。本教材主要介绍胶接修理技术和工艺。由于复合材料胶接修理不仅能够很好地修复金属损伤结构，而且在恢复结构强度的同时还能够提高耐腐蚀和抗疲劳性能。因此，本教材中专门介绍了金属损伤结构的复合材料胶接修理技术和工艺。

本书是按照理实一体化教学模式改革要求，突出岗位需求和能力本位而编写的教材。本教材着眼于学员任职岗位需求，以项目实践任务为牵引，强调理实一体化，突出学员主体地位，让学员更好地学会专业知识、增长专业技能、提升任职能力。因此，在内容编排上采用项目任务的方式，每个项目任务都是从项目任务的描述和布置开始，在明确项目任务的同时，引导学员开展任务分析，让学员发现现有知识的欠缺和技能的不足，激发其学习的欲望，真正的学习也因此而逐渐展开。在这个过程中，学员的主体作用得到很好的发挥，课堂教学不再是老师自导自演、学员仅仅是观众，而是老师指导、老师和学员共同参与的过程，很好地实现了"做中学"，达到教与学相长。本教材可以和《学员项目实施报告》配套

使用，这样可以更好地突出学员的主体地位，发挥其主观能

容还可用于"航空材料学及热处理""飞机结构修复工程""维

等课程的相关教学。

　　本教材由赵培仲统稿。项目一、项目八、项目九由苏洪波编写，

目三由戴京涛编写，项目四~项目七、附录由赵培仲编写。

　　由于编者学识水平和能力所限，教材中难免会存在错误和不当之处

位专家和读者提出宝贵的意见。

编者

2018 年 7 月

目　录

实验室安全注意事项

1. 认真学习领会操作要领，不得蛮干，不得随意操作。
2. 实验室水、电、气源的使用必须严格按照操作规程执行。
3. 不得随意动与实验无关的设备仪器。
4. 实验室的化学试剂的使用必须在老师指导下操作。
5. 实验操作过程中注意做好个人防护。
6. 实验室内禁止吸烟、进食。
7. 注意保持实验室的整洁卫生，不得随意丢弃实验中的废物和废液。
8. 实验结束，认真检查水、电、气源是否关闭。
9. 严格遵守保密制度。

项目一　认识复合材料

一、项目任务

（一）学习目标

（1）知道复合材料的组成，熟悉复合材料的性能特点。

（2）熟悉飞机上复合材料的应用情况。

（二）任务实施

（1）实地观察飞机结构中哪些部位采用了复合材料构件，了解构件的结构形式，并分析讨论该构件的作用及特点。熟悉复合材料结构在飞机上的应用情况及其作用，思考为什么使用复合材料，并推测哪些结构还能使用复合材料。

（2）组织学员研讨分析复合材料的基本组成及其概念，分析其性能特点。

（3）讨论树脂基复合材料与金属材料性能的差异及加工制备这两种结构时的区别。

（4）熟悉实验室基本情况及相关仪器设备的操作方法。

二、专业知识

（一）复合材料的定义、命名及分类

1. 复合材料的定义

复合材料是由两种或两种以上物理和化学性质不同的物质组合而成的一种多相固体材料。复合材料的组分材料虽然保持其相对独立性，但复合材料的性能却不是组分材料性能的简单加和，而是有重要的改进。在复合材料中，通常有一相为连续相，称为基体；另一相为分散相，称为增强相（增强体）。分散相是以独立的形态分布在整个连续相中的，两相之间存在相界面。分散相可以是增强纤维，也可以是颗粒状或弥散的填料。

从上述的定义中可以看出，复合材料可以是一个连续物理相与一个分散相的复合，也可以是两个或者多个连续相与一个或多个分散相在连续相中的复合。复合后的产物为固体时才称为复合材料，若复合产物为液体或气体时，就不能称为复合材料。复合材料既可以保持原材料的某些特点，又能发挥组合后的新特征，它可以根据需要进行设计，从而最合理地达到所要求的性能。

2．复合材料的命名

复合材料在世界各国还没有统一的名称和命名方法，通用的方法是根据增强体和基体的名称命名，一般有以下三种情况：

（1）强调基体时，以基体材料的名称为主。如树脂基复合材料、金属基复合材料、陶瓷基复合材料等。

（2）强调增强体时，以增强体材料的名称为主。如玻璃纤维增强复合材料、碳纤维增强复合材料、陶瓷颗粒增强复合材料。

（3）基体材料名称与增强体材料名称并用。这种命名方法常用来表示某一种具体的复合材料，习惯上将增强体材料的名称放在前面，基体材料的名称放在后面，如"玻璃纤维增强环氧树脂复合材料"，或简称为"玻璃纤维环氧树脂复合材料或玻璃纤维环氧"，而我国则常将这类复合材料通称为"玻璃钢"。

国外还常用英文编号来表示，如 MMC（Metal Matrix Composite）表示金属基复合材料，FRP（Fiber Reinforced Plastics）表示纤维增强塑料，而玻璃纤维环氧则表示为"GF/Epoxy"或"G/Ep（G-Ep）"。

3．复合材料的分类

随着材料品种不断增加，人们为了更好地研究和使用材料，需要对材料进行分类。材料的分类方法较多，按材料的化学性质分类，有金属材料、非金属材料之分；按物理性质分类，有绝缘材料、磁性材料、透光材料、半导体材料、导电材料等；按用途分类，有航空材料、电工材料、建筑材料、包装材料等。

复合材料的分类方法也很多，常见的有以下几种。

1）按基体材料类型分类

（1）树脂基复合材料。以有机聚合物（主要为热固性树脂、热塑性树脂及橡胶）为基体制成的复合材料。

（2）金属基复合材料。以金属为基体制成的复合材料，如铝基复合材料、铁基复合材料等。

（3）无机非金属基复合材料。以陶瓷材料（也包括玻璃和水泥）为基体制成的复合材料。

2）按增强材料种类分类

（1）玻璃纤维复合材料。

（2）碳纤维复合材料。

（3）有机纤维（芳香族聚酰胺纤维、芳香族聚酯纤维、高强度聚烯烃纤维等）复合材料。

（4）金属纤维（如钨丝、不锈钢丝等）复合材料。

（5）陶瓷纤维（如氧化铝纤维、碳化硅纤维、硼纤维等）复合材料。

此外，如果用两种或两种以上的纤维增强同一基体制成的复合材料称为"混杂复合材料"。

混杂复合材料可以看成是两种或多种单一纤维复合材料的相互复合，即复合材料的"复合材料"。

3）按增强材料形态分类

（1）连续纤维复合材料。作为分散相的纤维，每根纤维的两个端点都位于复合材料的边界处。

（2）短纤维复合材料。短纤维无规则地分散在基体材料制成的复合材料中。

（3）粒状填料复合材料。微小颗粒状增强材料分散在基体材料制成的复合材料中。

（4）编织复合材料。以平面二维或立体三维纤维编织物为增强材料与基体复合而成的复合材料。

4）按用途分类

复合材料按用途可分为结构复合材料和功能复合材料。目前结构复合材料占绝大多数，而功能复合材料有广阔的发展前途。21世纪将会出现结构复合材料与功能复合材料并重的局面，而且功能复合材料会具有更多的竞争优势。

结构复合材料主要用于承力和次承力结构，要求它质量小、强度和刚度高，且能耐受一定温度，在某种情况下还要求其有膨胀系数小、绝热性能好或耐介质腐蚀等其他性能。

功能复合材料指具有除力学性能以外其他物理性能的复合材料，即具有各种电学性能、磁学性能、光学性能、声学性能、摩擦性能、阻尼性能及化学分离性能等的复合材料。

（二）复合材料的性能特点

1．复合材料的基本性能

复合材料是由多相材料复合而成的，其共同的特点是：

（1）可综合发挥各种组成材料的优点，使一种材料具有多种性能，具有天然材料所没有的性能。如玻璃纤维增强环氧基复合材料，既具有类似钢材的强度，又具有塑料的介电性能和耐腐蚀性能。

（2）可按对材料性能的需要进行材料的设计和制造。例如，可以根据不同方向上对材料刚度和强度的特殊要求，设计复合材料及结构。

（3）可制成所需形状的产品，可避免金属产品的铸模、切削、磨光等工序。

性能的可设计性是复合材料的最大特点。影响复合材料性能的因素很多，主要取决于增强材料的性能、含量及分布状况，基体材料的性能、含量，以及它们之间的界面结合的情况，同时还受制备工艺和结构设计的影响。

2．树脂基复合材料的主要性能特点

树脂基复合材料与金属材料比较，显示出较大的优越性，主要体现在以下方面：

（1）比强度、比模量大。比强度和比模量是度量材料承载能力的一个指标，比强度越高，同一零件的自重越小；比模量越高，零件的刚性越大。玻璃纤维复合材料有较高的比强度和比模量，碳纤维、硼纤维、有机纤维增强的树脂基复合材料的比强度、比模量见表 1-1，由此可见，它们的比强度相当于铝合金的 3～5 倍，比模量相当于金属的 4 倍。

（2）耐疲劳性能好。疲劳破坏是材料在交变载荷作用下，由于裂纹的形成和扩展而形成的低应力破坏。树脂基复合材料纤维与基体的界面能阻止裂纹的扩展。因此其疲劳破坏总是从纤维的薄弱环节开始，逐渐扩展到结合面上，破坏前有明显的预兆。大多数金属材料的疲劳强度极限是其抗拉强度的 20%～50%，而碳纤维/聚酯复合材料的疲劳极限可为其抗拉强度的 70%～80%。

（3）减振性好。结构的自振频率除与结构本身形状有关外，还与材料的比模量的平方根成正比。高的自振频率避免了工作状态下共振而引起的早期破坏。复合材料比模量高，故具有高的自振频率。同时，复合材料中纤维和界面具有吸振能力，使材料的振动阻尼很高。根据对形状和尺寸相同的梁进行的试验可知，轻金属合金梁需 9s 才能停止振动，碳纤维复合材料只需 2.5s 就静止了。

表 1-1 典型工程材料的性能

材料	密度 $\rho/(g/cm^3)$	抗拉强度 σ/GPa	弹性模量 E/GPa	比强度 σ/ρ /(MJ/kg)	比模量 E/ρ /(MJ/kg)
钢	7.8	1.03	210	0.13	27
铝合金	2.8	0.47	75	0.17	26
钛合金	4.5	0.96	114	0.21	25
玻璃纤维复合材料	2.0	1.06	40	0.53	20
玻璃纤维Ⅱ/环氧复合材料	1.45	1.50	140	1.03	97
玻璃纤维Ⅰ/环氧复合材料	1.6	1.07	240	0.67	150
有机纤维/环氧复合材料	1.4	1.4	80	1.0	57
硼纤维/环氧复合材料	2.1	1.38	210	0.66	100
硼纤维/铝复合材料	2.65	1.0	200	0.38	57

（4）过载时安全性好。纤维复合材料中有大量独立的纤维，当构件过载而有少数纤维断裂时，载荷会迅速重新分配到未破坏的纤维上，使整个构件免于在极短时间内有整体破坏的危险。

（5）减摩、耐磨、自润滑性好。在热塑件塑料中掺入少量短纤维，可大大提高它的耐磨性，其增加的倍数为聚氯乙烯本身的 3.8 倍；聚酰胺本身的 1.2 倍；聚丙烯本身的 2.5 倍。碳纤维增强塑料还可降低塑料的摩擦系数，提高它的 pV 值。由于碳纤维增强塑料还具有良好的自润滑性能，因此可以用于制造无油润滑活塞环、轴承和齿轮。

（6）绝缘性好。玻璃纤维增强塑料是一种优良的电气绝缘材料，用于制造仪表、电机与电器中的绝缘零部件，这种材料还不受电磁作用，不反射无线电波。微波透过性能良好，还具有耐烧蚀性和耐辐照性，可用于制造飞机、导弹和地面雷达罩。

（7）有很好的加工工艺性。复合材料可采用手糊成型、模压成型、缠绕成型、注射成型和拉挤成型等各种成型方法制成各种形状的产品。

（8）热膨胀系数小。在冷热交变时，尺寸稳定性好。

复合材料也存在许多缺点和问题，主要体现在以下几个方面：

（1）耐湿热性较差。复合材料吸湿状态下的高温性能，尤其是树脂基体控制的压缩性能和剪切性能下降明显。湿热环境下，树脂基体会吸收少量的水分，从而引起结构尺寸变化。大多数树脂基复合材料最高工作温度为 230℃ 以下。例如，广泛使用的环氧树脂基复合材料，在干态工作温度大约为 180℃，但在湿态环境下，工作温度降至 120℃。目前，湿/热环境下复合材料的压缩性能已成为筛选树脂基体的重要依据之一。因此，开发湿热稳定性高的树脂基体一直是树脂基复合材料研究的重点之一。

（2）材料性能的分散较大。这与复合材料原材料的选择，制造过程中所发生的一系列复杂的化学反应和物理变化及文明生产、厂房环境等有关。实际上，复合材料制造的全过程都必须严格控制和检验，以保证制品质量的稳定性。

（3）价格较高。与其他工程材料相比，复合材料存在价格较高的问题，这阻碍了它的应用，尤其是在民品中不能大量应用。其成本几乎是钢和铝的 5～20 倍，如玻璃纤维 20～2000 元/kg，碳纤维 80～700 元/kg，环氧树脂 30 元/kg，钢 4～20 元/kg，铝 10～20 元/kg。

（三）复合材料和金属材料的比较

金属是各向同性材料，在各个方向上有着相同的结构性能。复合材料是各向异性材料，其单层轴向具有很高的强度和刚度，而在与之垂直的方向上性能较低。根据载荷和功能设计的交叉铺层层压板能使复合材料达到甚至超过金属的性能。当然，复合材料也可以铺成准各向同性的层压板。复合材料与金属的差别在于：

（1）各个方向的性能不一致。

（2）通过设计可以使其强度和刚度满足载荷要求。

（3）拥有不同的材料强度差异。

（4）厚度方向的强度低。

（5）复合材料通常铺设成二维形式，而金属材料可制成坯料、棒料、锻件和铸件等。

（6）对环境温度和湿度的敏感性较高。

（7）抗疲劳损伤能力强。

（8）损伤扩展表现为分层，而非穿透裂纹。

复合材料相对于金属的优点：

（1）质量小。

（2）耐腐蚀。

（3）抗疲劳损伤能力强。

（4）机械加工量少。

（5）锥形截面与复杂外形易于实现。

（6）可以根据强度/刚度的需要布置纤维方向。

（7）采用共固化可以减少装配件和紧固件的数量。

（8）吸收雷达微波（具有隐身性能）。

（9）热膨胀几乎为零，减少在外层空间使用中出现的热问题。

复合材料相对于金属的缺点：

（1）材料昂贵。

（2）缺乏确定的设计许用值。

（3）与金属材料接合容易造成电偶腐蚀问题，特别是在使用碳或石墨纤维时（必须采取隔离措施）。

（4）在极限温度与潮湿条件下，结构的性能会降低。

（5）能量吸收能力差，易发生冲击损伤。

（6）需要进行雷电防护。

（7）检验方法既复杂又昂贵。

（8）对于胶接，检测比较困难。

（9）对于缺陷的准确定位比较困难。

（四）树脂基复合材料的原材料

1. 增强纤维

碳纤维，由于其性能好、纤维种类多、成本适中等因素，在飞机结构上应用最广。拉伸强度在 3500～5500MPa，可作为承力构件的复合材料。

玻璃纤维，由于模量低，仅用于次要结构（整流罩、舱内装饰），但是其电性能和透波性适宜制作雷达罩等。

芳纶纤维，性能虽然尚佳，但是在湿热环境下性能明显下降，一般不用作飞机主承力结构,多与碳纤维混杂使用。

硼纤维,因为纤维直径太粗又刚硬,成型加工性能不好,价格又十分昂贵,因此,其应用十分有限。

增强纤维的基本形式有纤维丝束、编织布和针织布。

纤维丝束是增强纤维的最基本形式。纤维丝束一般以预浸渍树脂基体并按照平行排列的纤维丝束条带,即单向带,供工艺成型结构使用。为了改善单向带工艺性能,通常将纤维丝束用少量维持纤维丝束经向排列的非承载作用的纬向纤维织成一种特殊的单向织物,又称无纬布或无纺布。无纬布浸渍树脂后也称为单向带,其纤维增强效果与纤维丝束基本相同,但其铺覆工艺大大改善。

2. 树脂基体

1)热固性树脂基体

环氧树脂,是最早应用于飞机结构复合材料的树脂基体,而且至今在飞机结构用复合材料中占据主导地位。

酚醛树脂,是最早的人工合成树脂,酚醛树脂大量用于粉状压塑料、短纤维增强塑料。

双马来酰亚胺树脂,和环氧树脂相比,其优异性能主要表现为使用温度高(150～230℃)、耐湿热。

聚酰亚胺树脂,有热塑性和热固性两种,均可作为复合材料基体。目前已正式付之应用的、耐高温性最好的是热固性聚酰亚胺基体复合材料。

2)热塑性树脂

热塑性树脂即通称的塑料,该种树脂在加热到一定温度时可以软化甚至流动,从而在压力和模具的作用下成型,并在冷却后硬化固定。这类树脂一般软化点较低,容易变形,但可再加工使用。可以作复合材料的热塑性树脂品种很多,包括各种通用塑料(如聚丙烯、聚氯乙烯等),工程塑料(如尼龙、聚碳酸酯等)及特种耐高温的树脂(如聚醚醚酮、聚醚砜和杂环类树脂)。

(五)复合材料在飞机结构中的应用

将先进复合材料用于航空航天结构上可相应减重 20%～30%,这是其他先进技术很难达到的效果。美国 NASA 的 Langley 研究中心在航空航天用先进复合材料发展报告中指出,气动设计与优化技术减重 4.6%,复合材料机翼机身和气动剪裁技术减重 24.3%,发动机系统和热结构设计减重 13.1%,先进导航与飞行控制系统减重 9%,说明了先进复合材料的减重应用最明显。

1. 在飞机结构中的应用

从国外情况看,各种先进的飞机都与复合材料的应用密不可分,国外军用飞机机体结构的复合材料用量见表 1-2。复合材料在飞机上的用量和应用部位已成为衡量飞机结构先进性的重要指标。复合材料在飞机结构中的应用发展大体上分为三个阶段。

第一阶段基本在 20 世纪 60—70 年代，复合材料高的比强度和比模量的突出优点和飞机结构减重的迫切需求相契合，制造商开始将复合材料应用于非承力结构，如舱门、前缘、口盖、整流罩、扰流板等尺寸较小、受力较小的部件。

第二阶段基本在 20 世纪 70—80 年代，随着原材料性能和制备工艺的不断提高，复合材料逐渐应用到飞机的次承力结构，包括副襟翼、升降舵、方向舵、垂尾、平尾、鸭翼等受力较大、尺寸较大的部件。20 世纪 70 年代，美国 F-14 战斗机把硼纤维增强复合材料成功地应用在平尾上，这是复合材料史上的一个里程碑事件。波音 B777 将复合材料应用于垂尾、平尾等多处部件，共用复合材料 9.9t，占结构总重的 11%。

第三阶段基本上起始于 20 世纪 80 年代，随着高性能碳纤维的开发和复合材料整体成型工艺的逐渐成熟，复合材料开始应用于飞机的机翼、机身等受力大、尺寸大的主承力结构中。美国麦道飞机公司于 1976 年率先研制 F-18 的复合材料机翼，并于 1982 年开始服役。由于在机翼中的应用，复合材料在飞机结构中的占比提高到了 13%。之后，复合材料在 AV-8B 的机翼和前机身上的应用，将复合材料占飞机结构总重的百分比提高到了 26%。

表 1-2 国外军用飞机机体结构的复合材料用量

机种	研制时间	复合材料/%	应用部位	钛合金/%
JAS-39	1982—1988 年	32	机翼、垂尾、前翼、舱门等	—
Rafale "阵风"	1986—1991 年	24	垂尾、机翼	—
EF-2000 "台风"	1988—1994 年	40	机翼、前中机身垂尾、前翼	12
F-22 "猛禽"	1988—1996 年	25	机翼、前中机身蒙皮、垂尾、平尾及大轴	36
F/A-18E/F	1990—1998 年	22	垂尾、平尾、减速板、机翼蒙皮和前缘	23
S-37	约 1997 年	21	—	—
Mig1.44	约 2001 年	30	机身、机翼、鸭翼	30
B-2	约 1989 年	37	机翼前缘、中央翼的 40%、外翼中部和侧后部	23
V-22	约 1989 年	42	机身、机翼、尾翼、旋转机构	—
RAH66 "科曼奇"	约 1995 年	41		13
F-35	约 2000 年	35	机翼、机身、垂尾、平尾、进气道	

近年来，国内飞机上也较多地使用了先进复合材料（ACM）。例如，由国内多家科研单位共同研制的飞机垂尾壁板，比原铝合金结构轻 21kg，减质量 30%。国内研制并生产的 QY8911/HT3 双马来酰亚胺单向碳纤维预浸料及其 ACM，已用于飞机前机身段、垂直尾翼安定面、机翼外翼、阻力板、整流壁板等构件。由北

京航空材料研究院研制的 PEEK/AS4C 热塑性树脂单向碳纤维预浸料及其 ACM,具有优异的抗断裂韧性、耐水性、抗老化性、阻燃性和抗疲劳性能,适合制造飞机主承力构件,可在 120℃下长期工作,已用于飞机起落架舱护板前蒙皮。歼-10飞机在鸭翼、垂尾、襟副翼、腹鳍等结构中采用了复合材料。"猎鹰" L15 高教机在机头罩、方向舵和垂尾等部位采用了复合材料。

随着大飞机项目的启动,国内复合材料在航空工业中的应用水平日益提升。我国已经能够制造大型客机中央翼、襟翼及运动机构部段,这是 C919 大型客机七大部段中难度最大、工作量最大的两个部分。这两个部段尺寸大、结构复杂、外形公差要求高,尤其是国内民机最长尺寸、长达 15m 的襟翼缘条加工,技术难度非常大。制造公司突破了复合材料大型成型模具设计制造技术、复合材料构件预装配变形控制技术等多项技术难关,整个研制过程全部采用先进的三维数字化设计、传递与制造,中央翼部段除 1 号肋是金属件外,其他全部采用了先进的中模高强碳纤维/增韧环氧树脂复合材料制造。

随着无人机技术的发展及其应用的不断拓展(无人机具有低成本、轻结构、大过载、高机动、高隐身、长航程等特点),复合材料在无人机上的应用更加凸显。美国波音公司的 X-45 系列飞机的复合材料用量达到 90%以上。诺斯罗普•格鲁曼的 X-47 基本上为全复合材料飞机。"全球鹰"高空长航时无人侦察机复合材料用量达到 65%,其机翼、尾翼、后机身、大型雷达罩等均由复合材料制成,全复合材料机翼长达 35m。在 2011 年中国国际通用航空大会上,"天弩" "风刃"等无人机采用了全机结构碳纤维增强复合材料。V750 无人直升机、小型通用航空双座飞机,也都大范围采用了碳纤维复合材料。

复合材料在飞机结构上应用呈以下发展趋势:①复合材料在飞机上的用量日益增多;②应用部位由次承力结构向主承力结构过渡;③复合材料在复杂曲面构件上的应用越来越多;④构件向整体成型、共固化方向发展。

2. 在航空发动机上的应用

树脂基先进复合材料优异的比强度和比模量性能对于高推比的航空发动机的减重、提高推进效率、降低噪声和排放及降低成本等都具有重要的意义。树脂基先进复合材料一般应用在航空发动机的冷端部件上,其使用温度通常在 150～200℃以下,主要包括低温低压的涡扇发动机压气机叶片、导向叶片及其框架组件、涡扇发动机的鼻锥、整流罩等。

美国通用电气飞机发动机事业集团公司(GE-AEBG)和普拉特•惠特尼公司(简称"普惠"),都在用先进复合材料取代金属制造飞机发动机零部件,包括发动机舱系统的许多部位推力反向器、风扇罩、风扇出风道导流片等都用先进复合材料制造。

美国聚合物公司的碳纤维环氧树脂预浸料（E707A）叠铺而成的发动机进口气罩的外壳，它具有耐 177℃高温的热氧化稳定性，壳表面光滑似镜面，有利于形成层流。又如，FW4000 型发动机有 80 个 149℃的高温空气喷口导流片，也是碳纤维环氧预浸料制造的。

据波音公司估算，喷气客机质量每减轻 1kg，飞机在整个使用期限内可节省 2200 美元。

3．在机用雷达天线罩上的应用

机用雷达天线罩是一种罩在雷达天线外的壳形结构，要求透微波性能良好，能承受空气动力载荷作用且保持规定的气动外形，便于拆装维护，能在严酷的飞行条件下正常工作，可抵抗恶劣环境引起的侵蚀。先进复合材料具有优良的透雷达波性能、力学性能和简便的成型工艺，是理想的雷达罩材料。目前制作雷达罩材料采用较多的是玻璃纤维/环氧树脂复合材料。

思 考 题

1．你所在单位飞机结构中哪些结构采用了复合材料？

2．推测飞机上哪些结构可以采用复合材料，为什么？

3．设计试验，验证纤维增强树脂基复合材料和飞机常用铝合金材料之间的力学性能差异。

项目二　环氧树脂的固化

一、项目任务

按照标准 ASTM D638—2003 制备如下哑铃形试样，具体尺寸如图 2-1 所示。

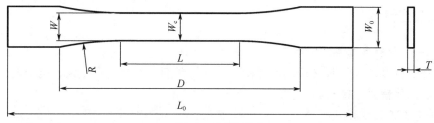

图 2-1　试样尺寸

图 2-1 中，L_0 全长 165mm，W_0 全宽 19mm，狭窄部分宽 W 为 13mm，中心宽 W_c 和 W 的偏差可以是 +0.00mm、–0.01mm，夹具之间的距离 D 为 115mm，狭窄部分的长度 L 为 57mm，引伸计之间的长度为 50mm，厚度 T 为（3.2±0.4）mm。

二、任务分析

（一）制备方法

要制备出如图 2-1 所示的试样，首先要确定制备方法，可选的原料是液态的环氧树脂及其固化剂，制备方法通常是模具浇注法。

（二）工艺分析

模具浇注法的工艺过程是：将混合均匀的树脂浇注到准备好的模具中，然后固化，脱模。混合环氧树脂及其固化剂时，一定要保证两者的比例符合要求。该比例通常可以通过固化剂的使用说明或者根据化学式进行计算得到。环氧树脂及其固化剂的比例不同，最终得到试样的性能也会有差异。一般情况下，存在一个最佳的比例。

将环氧树脂和固化剂进行混合时，要保证两者之间混合均匀，避免因为混合不均匀导致固化质量不好。通常可以通过混合后树脂的颜色是否均匀来判断。混合的时候可以使用玻璃棒等工具进行搅拌。特别要注意容器壁和死角处树脂和固化剂的均匀混合。

搅拌的时候，很容易将空气裹入树脂中，形成气泡。由于气泡的存在将导致固化后力学性能的下降，因此，搅拌的时候应尽量避免气泡的形成。混合均匀后，如果气泡过多或要求不允许存在气泡时，可以采用真空泵抽除气泡。

浇注之后，就进入固化阶段。固化工艺一般也是随树脂的变化而变化的，而且与固化剂的使用比例相关。通常在树脂的相关技术资料上会有说明，而且会有一个推荐的固化工艺。通过这个工艺通常能达到固化后最佳的试样性能。固化工艺中最重要的工艺参数是温度、时间及升温速率。通常升温速率不宜过快，一般是 3℃/min。

三、工艺步骤

（一）材料和工具

环氧树脂、聚酰胺 650、玻璃棒、活性稀释剂、烘箱、真空泵、电子天平、容器、固化模具、抹布。

（二）工艺步骤

（1）称量环氧树脂 15g 左右。

（2）称量环氧树脂质量 5%的稀释剂 692。

（3）称量环氧树脂质量 100%固化剂 650。

（4）将称量好的环氧树脂、固化剂和稀释剂混合均匀。

（5）用真空泵抽去气泡。

（6）将混合好的树脂浇注到模具，待其充满模具，并流平或人为弄平后，放入烘箱，按照一定的程序进行固化。

（7）设定固化工艺参数，升温速率 3℃/min，升高到 100℃，保温 2h，之后，选择降温速率 3℃/min（最高不超过 5℃/min），降到室温。

（8）用溶剂清洗工具和容器等，整理工作台。

（9）固化完成后，脱模取出试样。

（10）对试样进行适当的修整，打磨去除毛边等。

（三）注意事项

调胶工具可用搪瓷盘、瓷盘或聚四氟乙烯、聚乙烯等塑料容器等，也可在玻璃板上，用干净的玻璃棒或锯条片、竹片等调制。不论选用什么做工具，一定要保持清洁。使用前要用溶剂擦洗，清除污物，并晾干。当室温低于 20℃时，环氧树脂黏度较大，调胶时很不方便，也不易调匀。这时可将环氧树脂水浴加热后再取用。不允许将装环氧树脂的容器直接放在电炉上或用明火加温，否则，会由于容器内受热不匀，容易导致过热，经几次反复后，易造成树脂过早老化，胶接强度也会降低。所以，要尽量采用水浴加温法。调胶时，先将调胶盘和玻璃棒用脱脂棉蘸丙酮或其他溶剂擦洗干净，晾干后使用。按计划需要量，在天平上称量好环氧树脂。然后，按比例加入稀释剂或增塑剂，用玻璃棒搅拌均匀，再加入固化剂，继续搅拌均匀。

调胶搅拌时要缓慢匀速，要尽量采用如图 2-2、图 2-3 所示的搅拌方式，以避免产生过多的气泡。如果气泡过多，则需要用真空泵抽除气泡。

 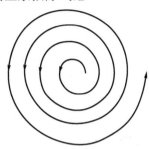

图 2-2　平行搅拌方式　　　　　图 2-3　螺旋搅拌方式

在调胶时，取用环氧树脂和固化剂的工具，不可混用，否则，极易使树脂报废。

加热固化时的升温速率不易过大，否则，一开始固化反应速率过快，混入树脂的气泡不容易逸出。同时，树脂黏度很快增大，减少了黏度较低时树脂对被胶接物体的浸润。

（四）拉伸性能测试

（1）准备好试样。测量试样的厚度、狭窄平行段的宽度，做好记录，并计算出截面积。

（2）夹持试样。将试件夹持于试验机的上下夹头上，夹持好试样，确保试样夹紧，并保持试样上下对正。

（3）选择合适的拉伸测试速率。通常选择拉伸速率为 2mm/min 或 5mm/min。

（4）记录拉伸强度或拉伸破坏载荷。

（5）根据测试结果，分析环氧树脂固化后的性能特点，了解材料结构和性能的关系。

四、专业知识

树脂基体的作用是将增强材料（纤维）胶接在一起并形成一定的形状，因此，复合材料成型工艺性能（如流变性能、黏性、凝胶时间、预浸料储存稳定性、成型温度、压力、时间等）是由树脂基体直接支配的。树脂基体在纤维间传递载荷，并保护对缺陷或缺口敏感的纤维，以避免自磨损和外部引起的擦伤，还能够保护纤维免受环境潮湿的影响和化学腐蚀或氧化，而这些因素均可导致材料脆化和提前失效。此外，从工程角度来讲，基体还有许多基本的作用，基体可以固定增强纤维，保证其正确的取向和位置，以便承担设计载荷，并使载荷能基本均匀地分配到纤维上；基体还能防止裂纹和损伤产生扩展，并保证复合材料的层间剪切强度。一般情况下，基体决定了复合材料整个使用期间的温度限制，也决定了复合材料的环境适应性，同时还影响复合材料的纵向压缩性能、横向拉伸性能和剪切性能。

常用的基体树脂通常可分为热固性树脂和热塑性树脂。常用于飞机结构上的热固性树脂包括环氧树脂、聚酯树脂、酚醛树脂、双马来酰亚胺树脂（BMI）、聚酰亚胺等。热塑性树脂包括聚乙烯、聚苯乙烯、聚丙烯、聚醚醚酮（PEEK）、聚醚酰亚胺（PEI）、聚醚砜（PPS）、聚苯硫醚（PPS）、聚酰胺亚胺（PAI）等。热固性树脂和热塑性树脂的性能特点见表 2-1。

表 2-1　热固性树脂和热塑性树脂的性能特点

类型	热固性树脂	热塑性树脂
特　性	固化时发生化学反应	无固化要求，无化学反应
	工程过程不可逆	有后成型能力，可再加工
	黏度低、流动性高	黏度高、流动性低
	固化时间长（2h）	工艺时间可能较短
	预浸料发黏	预浸料僵硬
优　点	工艺温度相对较低	韧性优于热固性树脂
	纤维浸润性好	废料可重复利用、可再成型
	可成型复杂形状	成型快、储存期没限制、不需冷藏
	黏度低	抗分层能力强
缺　点	工艺时间较长	耐化学溶剂性低于热固性树脂
	储存时间受限制	要求高的工艺温度
	要求冷藏	释放的气体有污染

（一）热固性树脂

目前，热固性树脂在复合材料工业中处于主导地位，这主要是由它们的性能决定的。这些基体可以做成纤维预浸料，可进行复杂形状的制造。零件固化时形成的交联网络可以提供高的强度和模量。应用最为广泛的热固性树脂基体有环氧、聚酰亚胺、聚酯和酚醛等树脂，每种基体的性能特点见表 2-2。

1．环氧树脂

环氧树脂是指一个分子中含有两个或两个以上环氧基 $-\overset{\displaystyle O}{\overset{\displaystyle \diagup\diagdown}{CH-CH}}$，并在适当的化学试剂存在下形成三维交联网络固化物的化合物总称。环氧树脂的种类很多，且在不断发展，因此，明确地进行分类是困难的。通常按照化学结构分为缩水甘油醚类、缩水甘油酯类、缩水甘油胺、脂环族环氧树脂、环氧化烯烃类等。

环氧树脂具有如下突出的性能特点：

（1）形式多样。各种树脂、固化剂、改性剂体系可以适应各种应用对形式提出的要求，其范围可以从极低的黏度到高熔点固体。

（2）固化方便。选用不同的固化剂，环氧树脂体系可以在0～180℃内固化。

表 2-2　常见热固性树脂的性能特点

类型特性	聚酯树脂	环氧树脂	酚醛树脂	双马来酰亚胺树脂	聚酰亚胺树脂
工艺性	好	好	一般	好	一般或困难
力学性能	一般	优	一般	好	好
耐热性	82℃	93℃	177℃	177℃	260～320℃
价格	低~中	低~中	低~中	低~中	高
抗分层性	一般	好	好	好	好
韧性	差	一般~良好	差	一般	一般
应用	用于次要结构和座舱内部，主要与玻璃纤维复合	应用最广，可用于主要结构，具有良好的性能	用于次要结构，主要与玻璃纤维复合，适用于座舱内部燃烧时发烟少的结构	结构性能很好，耐热性能中等，可代替环氧树脂	特别适于高温时的应用

（3）黏附力强。环氧树脂中固有的极性羟基和醚键的存在，使其对各种物质具有很高的黏附力。环氧树脂固化时收缩性低也有助于形成一种强韧的、内应力较小的黏合键。由于固化反应没有挥发性副产物放出，所以，在成型时不需要高压或除去挥发性副产物所耗费的时间，这就进一步提高环氧树脂体系的胶接强度。

（4）收缩性低。环氧树脂不同于别的热固性聚合物，它在固化过程中不产生副产物，且在液态时就有高度缔合，固化是通过直接加成进行的，故收缩性小。对于一个未改性的体系来说，其收缩率小于2%，而一般酚醛和聚酯树脂的固化则要产生相当大的收缩。

（5）力学性能。固化后的环氧树脂体系具有优良的力学性能。

（6）电性能。固化后的环氧树脂体系在较大范围的频率和温度内具有良好的电性能，它们是一种具有高介电性能、耐表面漏电、耐电弧的优良绝缘材料。

（7）耐化学性能。固化后的环氧树脂体系具有优良的耐碱性、耐酸性和耐溶剂性，像固化环氧树脂体系的大部分性能一样，耐化学性能取决于所选用的树脂和固化剂。

（8）尺寸稳定性。上述许多性能的综合，使固化环氧树脂体系具有突出的尺寸稳定性和耐久性。

（9）耐霉菌。固化环氧树脂体系耐大多数霉菌，可以在苛刻的热带条件下使用。

环氧树脂本身是低分子量化合物，分子质量在 300～2000 之间，是热塑性的线型结构，不能直接使用，必须再向树脂中加入固化剂，在一定温度条件下进行交联固化反应，生成体型网状结构的高聚物后才能使用。用于环氧树脂的固化剂可分为两类。一类是可与环氧树脂分子进行加成，并通过逐步聚合反应的历程使它交联成体型网状结构，这类固化剂又称为反应性固化剂，一般都会有活泼的氢原子，在反应过程中伴有氢原子的转移，如多元伯胺、多元羧酸、多元硫酸和多元酚等。另一类是催化性的固化剂，它可引发树脂分子中的环氧基按阳离子或阴离子聚合的历程进行固化反应，如叔胺和三氟化硼络合物等。两类固化剂都是通过树脂分子结构中具有的环氧基或仲羟基的反应完成固化过程的。在实际应用中，环氧树脂中仅仅加入固化剂，还不能完全满足应用的要求，通常还需要加入稀释剂、填料、增韧剂、着色剂、阻燃剂等助剂来满足不同的应用要求。

本项目采用的固化剂是多元胺型固化剂、聚酰胺固化剂，其固化机理如下：

多元胺和环氧树脂反应时，首先是伯胺中的活泼氢与环氧基反应，生成仲胺，反应式为

仲胺中的活泼氢与环氧基进一步反应，生成叔胺，反应式为

若用二元胺反应，反应式为

伯胺与环氧树脂通过上述逐步聚合反应历程交联成复杂的体型高聚物。

聚酰胺树脂是目前比较受欢迎的一种低毒性固化剂。一般所谓"双树脂黏合剂"就是指环氧树脂与聚酰胺树脂作为黏合剂而言的，适于胶接，操作简便，效

果良好。聚酰胺树脂本身既是固化剂，又是性能优良的增韧剂，只要两种树脂按一定量配合搅匀，就可在室温下操作和固化。聚酰胺树脂用量范围较大，一般用量为环氧树脂重量的 100% 较为合适。聚酰胺树脂在室温低于 20℃ 时，黏度较大，使用时可适当加温，使黏度降低后再取用。常用聚酰胺树脂牌号有 650 和 651 等。室温 2～3 天，或 150℃ 保温 2h 后，缓慢冷却至室温即完全固化。其缺点是固化后耐老化和耐热性较差。

固化剂的用量通常可以根据固化剂的说明及应用要求确定。固化剂的用量、固化工艺条件（主要是固化程序的制定，即如图 2-4 所示的固化温度和时间的确定）、试样的制备等都会对材料的最终性能产生影响。图 2-4 中的固化程序可根据具体情况而确定。

根据用途和工艺性要求，对环氧树脂的黏度要求也不同。当黏度较高时，可以加入稀释剂来降低环氧树脂的黏度，延长环氧树脂可使用时间，易于操作，易于浇注。通常稀释剂按机能可分为非活性稀释剂和活性稀释剂。非活性稀释剂与环氧树脂相容，但是并不参与环氧的固化反应。非活性稀释剂的加入通常会降低环氧固化物的强度和模量，但是伸长率会得到提高。常用的非活性稀释剂有邻苯二甲酸二丁酯、丙酮、丁酮、二甲苯、无水乙醇、香蕉水、环己酮和乙酸乙酯等。活性稀释剂主要是指含有环氧基团的低分子环氧化合物，它们参加环氧树脂的固化反应，成为环氧树脂固化物的交联网络结构中的一部分。一般活性稀释剂分为单环氧基、双环氧基和三环氧基。常见的活性稀释剂有烯丙基缩水甘油醚、丁基缩水甘油醚和苯基缩水甘油醚等。本项目使用的稀释剂 692 就是苄基缩水甘油醚，属于单环氧基稀释剂。

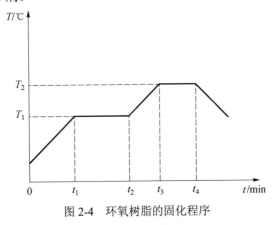

图 2-4 环氧树脂的固化程序

环氧树脂黏接是由两种力量产生的。一是机械黏附力，即当胶黏剂处于液态时，渗入到洁净的被胶接表面的孔隙中，待胶黏剂固化后便形成了一种机械结合的锚固力。二是化学黏合力，环氧树脂分子结构中含有脂肪族羟基、醚基及环氧基，这些极性基团可以和被胶接表面形成化学键，产生化学结合力。

2．聚酰亚胺（高温使用基体）

聚酰亚胺具有热氧稳定性，在远高于许多聚合物降解温度（通常在 300℃以上）的情况下，其力学性能的保持率仍能保持很高的水平。具有优越耐高温性能的聚酰亚胺树脂主要包括：

（1）双马来酰亚胺（BMI）：使用温度可达 230℃，相对容易加工。

（2）缩聚型：使用温度可达 320℃，难以加工。

（3）加聚型：使用温度可达 260～320℃，与缩合型相比，加工性能有所提高。

BMI 是一种特殊的聚酰亚胺体系，其最高使用温度在 177～230℃。BMI 具有很高的机械强度和刚度，但脆性通常大，并可能发生固化收缩。有些 BMI 的韧性得到了很大的改善，这使得它们的使用性能大大提高。当所要求的湿热性能或热稳定性超出环氧树脂所能达到的程度时，BMI 就成了备选的基体材料。BMI 主要具有如下的特性：BMI 比环氧具有更高的热稳定性，而两者的加工性能基本相当；与环氧相比，BMI 的主要问题是脆性较大，因此，其损伤阻抗和韧性低。

3．聚酯

聚酯基体可在室温和大气压力下固化，或在 177℃时，在较高的压力下固化。这类基体不仅成本低而且易于加工，并具有很好的力学性能、电性能、耐化学腐蚀性及尺寸稳定性。聚酯与玻璃纤维复合可形成雷达波穿透性非常好的结构材料，在应用于飞机雷达罩时，聚酯综合了强度及抗冲击性能的优点。较低的成型压力要求有利于其应用于大型复合材料结构的制造，相对较快的固化速度更有助于其进一步的发展。

乙烯基树脂是聚酯树脂中的一种，具有比常规不饱和聚酯更高的延伸率、韧性、耐热性及耐化学性。

4．酚醛

酚醛是最早的热固性树脂基体材料之一，具有优异的绝缘性、耐湿性和良好的电性能（电弧除外），除强酸和强碱外，酚醛的耐化学性能非常好；适用于模压成型和模塑成型。在军用和高性能航天应用中，防辐射性能和大载荷作用于高温条件下的尺寸稳定性及抗侵蚀能力对构件的安全性非常关键，这时酚醛材料就非常有用。

（二）热塑性树脂

热塑性树脂在航空工业中的应用并不新鲜，它们用于各种构件已有多年的历史，但是，主要用在机身内饰和其他的非结构部件上。工程热塑性树脂有很高的连续使用温度，可以是 121～200℃。该树脂基体熔融温度高、黏度大，在热压罐工艺中，大黏度需要较高的模压力。热塑性基体具有较高的层间断裂韧性和冲击后压缩强度，有较好的耐高温性能和耐溶性，潮气敏感度低。热塑性基体较热固性基体的主要优点是制造周期短、不发生化学固化，对有制造缺陷的零件可进行再加工或再固结。

热塑性材料的产品仍处在不断的研发中，目前大部分可用的预浸料都是硬料，缺乏加工操作所需要的铺覆性和黏性。在一些热塑性预浸料中，其黏性和铺覆性通过添加溶剂来实现。

（三）增强纤维

树脂基复合材料的增强体有很多种形式，包括颗粒状、片状、纤维等。但是，飞机结构复合材料中常用的增强体主要是纤维。因此，本小节主要介绍飞机复合材料结构中常用的碳纤维、玻璃纤维、芳纶纤维及硼纤维等。增强纤维是复合材料的主要承载组分，赋予复合材料以高强度和高模量等力学性能，对复合材料抗损伤性能和疲劳强度也有重要贡献。增强纤维的使用形式可以是纤维本身（通常是纤维丝束），包括连续纤维、短切纤维和长纤维，也可以是纤维毡、织物、二维和三维编织件或缝合件。

碳纤维由于其性能好，纤维类型和规格多，成本适中等因素，在飞机结构中应用最广。芳纶性能虽然尚佳，但在湿热状态下性能有明显下降，一般不用作飞机主承力结构，目前多与碳纤维一起混杂使用。玻璃纤维由于刚度低只用于一些次要结构，如整流罩、雷达罩、舱内装饰结构等。硼纤维因纤维直径太粗且刚硬，成型和加工困难且价格十分昂贵，故目前应用很少，只是在早期飞机复合材料结构中有应用，如 F-14 和 F-15 的水平和垂直安定面。

1. 碳纤维

碳纤维是一种连续细丝碳材料，直径范围为 6～8μm，大约是人的头发丝的1/3。碳材料不溶解于任何溶剂中，在隔绝空气的惰性环境中（常压下），在高温时也不会熔融，而且是在 2000℃ 以上唯一强度不下降的已知材料。只有在 10MPa压力和 3000K 以上高温条件下，才不经液相直接升华，其在密度、刚度、质量、疲劳特性等有严格要求的领域，在要求高温、化学稳定性高的场合，具有很高的优势。因此，目前世界各国都把碳纤维视为 21 世纪的尖端材料。

尽管碳纤维的含碳量在 90% 以上，但是，它的制备不是直接从碳材料中抽取的，而是由有机高分子纤维、聚丙烯腈纤维或石油沥青或煤沥青纤维经专门的碳化处理制备得到的。目前，碳纤维主要根据原丝类型、使用性能进行分类。商品化的碳纤维主要有两大类，一是聚丙烯腈基碳纤维，二是沥青基碳纤维。日本于1959 年首先发明了聚丙烯腈基碳纤维，并于 20 世纪 60 年代初投入工业化生产。商业化的碳纤维通常用不同的英文字母打头标示不同的力学特性，T 开头的为高强度基本的纤维；M 开头的为高模量级别的碳纤维；而用 M 开头、J 后缀的为高强高模级别的。聚丙烯腈基碳纤维自从 1971 年 T300（拉伸强度 3535MPa）进入市场以来，经历 T700、T800、T1000 三个阶段，目前 T1000 的拉伸强度已经达到 6370MPa，比 T300 提高了一倍。

沥青基碳纤维初始含碳量比聚丙烯腈基碳纤维高，所以，其碳化率高。在性能上，沥青基碳纤维除了具有高的弹性模量外，还具有较好的导热、导电和负的热膨胀系数，但其加工性及压缩强度不如聚丙烯腈基碳纤维。高性能沥青基碳纤维在宇航、空间卫星等方面具有独特的应用。

2．玻璃纤维

玻璃纤维是在大约 1400℃下，将玻璃熔融、牵引拉伸制成的。玻璃纤维的典型直径是 5～20μm。玻璃纤维具有比强度高、不燃烧、光学性能好、原料廉价易得的优点，是通用结构复合材料常用的增强体。通常玻璃纤维分为无碱纤维、中碱纤维、高碱纤维、高强纤维、耐碱纤维等。E 玻璃纤维是无碱纤维，是目前最常用的一种玻璃纤维，电阻率高而介电常数低，具有良好的电气绝缘性和机械性能，但是容易被无机酸侵蚀，不适合用于酸性环境。C 玻璃纤维是中碱纤维，其特点是耐化学性特别是耐酸性优于无碱纤维，但是电气性能和机械强度低于无碱纤维。S 玻璃纤维是高强纤维，具有高强度、高模量的特点，其单纤抗拉强度为 2800MPa，弹性模量为 86000MPa。D 玻璃纤维是低介电纤维，常用于雷达工业。

3．硼纤维

硼纤维是通过化学气相沉积法，将硼沉积到直径 10μm 的钨丝或沥青基碳纤维上制备得到的。硼纤维通常是直径 125～140μm 的单丝。硼纤维的硬度和金刚石相当，以其为增强体的复合材料的机械加工比较困难。

硼纤维的拉伸强度为 3.5GPa，弹性模量为 400GPa，密度为 $2.5g/cm^3$。它不仅可以用于树脂基复合材料，还可以作为金属基复合材料的增强体，如铝基和钛基复合材料。硼纤维增强的铝基复合材料管材，可以用于直升机的主要结构零件、框架等。硼纤维和碳纤维混杂使用，可以使热膨胀系数趋近于零，可以适应太空苛刻的使用环境。

4．芳纶纤维

芳纶纤维是一种高强度、高模量、低密度和耐磨性好的有机合成纤维，全称是芳香族聚酰胺纤维，杜邦公司商品名为凯夫拉（Kevlar）。芳纶纤维的比强度和比模量高于玻璃纤维，在温度超过 400℃时，芳纶纤维增强的树脂基复合材料仍然具有优异的拉伸性能，但是，其压缩强度不好。

芳纶纤维在断裂过程中能够吸收大量的能量，这是由于其具有较高的破坏应变，能够经受塑性压缩变形及在拉伸破坏时能够离析造成的。因此，芳纶纤维常被用于防弹以及发动机的包容环。在航空航天工业中，芳纶纤维增强树脂基复合材料常用作整流罩、天线罩、蒙皮以及蜂窝壁板的面板。

芳纶纤维具有明显的吸湿倾向。对于Kevlar49，在60%的相对湿度下，吸湿量约为4%。Kevlar149约为1.5%，但是，在室温下，吸湿对于拉伸强度的影响并不显著。此外，芳纶纤维长期暴露在紫外线辐照下会出现强度下降。

思 考 题

1. 如何判断环氧树脂和固化剂混合均匀了？混合后，容器壁上附着的树脂是否混合均匀？搅拌用的玻璃棒上的呢？
2. 环境温度比较低的时候，树脂黏度较大，工艺性差，通常可以加入稀释剂或适当加热应对，此时，应该分别注意什么问题，依据你的操作经验给出建议。
3. 总结项目完成过程中，你遇到了什么问题？是如何解决的？

项目三 湿铺法制备复合材料层压板

一、项目任务

制备玻璃纤维增强的环氧树脂基复合材料层压板，长 200mm，宽 140mm。铺层设计参照图 3-1 所示，可以设计不同的铺层方向、顺序和层数。

+45
−45
90
0
90
−45
+45

图 3-1 层压板铺层方向示意图

二、任务分析

（一）制备方法

湿铺法制备复合材料层压板。所谓湿铺法就是用树脂浸渍纤维增强体的同时进行铺层制造复合材料。

（二）工艺分析

本项目要制备宽 140mm、长 200mm 的玻璃纤维增强的环氧树脂复合材料层压板，层压板的铺层共计 7 层，从上至下纤维铺层方向依次为+45、−45、90、0、90、−45、+45，如图 3-1 所示。层压板的厚度基本在 0.8mm 左右，和树脂的含量有关。如果湿铺的时候，树脂的用量较大，则会导致铺层厚度较大。一般树脂含量应在 40%～60%，既要保证纤维能够被完全浸润，也不能过多。树脂含量过多则对复合材料层压板的力学性能不利。

根据铺层方向、铺设层数及铺层尺寸，应先用剪刀裁剪并准备好铺层用的玻璃纤维布，按照一定顺序依次放置，以免铺设时混淆。准备好纤维后，再根据需要调配环氧树脂，调配的要求上一个项目中已经进行了说明。调配好后，应及时进行湿铺，以免超过适用期，树脂凝胶而无法浸润增强纤维。这也是为什么要先准备好纤维后，再调配树脂的原因。

湿铺时应按照铺层设计，逐层铺设，并压实。完成后，进行固化。在实验室通常可以采用真空袋加热固化制备复合材料层压板。真空袋可以保证铺层压实，并抽出混入树脂的空气，压出多余的树脂，获得较好的力学性能。真空袋加热固化可以采用复合材料热补仪来完成。如果实验室配有热压罐，则可在热压罐中进行固化。

树脂基复合材料典型的固化过程一般包括升温、保温和降温几个阶段，但对具体的材料，每一阶段会有不同的要求。

固化过程中，升、降温速率不得高于 3℃/min。固化温度必须在材料要求的极限固化温度范围内，温度过高或过低会引起原结构的损伤或材料的固化度不够，影响修理质量。固化时间不包括加热到固化温度所需的时间（它是指达到固化温度后保温的时间）。固化后，制件在降温过程中要保持真空。当降至规定温度以下时，取消真空压力，除去真空袋材料及其他辅助材料。

三、工艺步骤

（一）材料和工具

环氧树脂、聚酰胺650、活性稀释剂629、电子天平、容器、烘箱、热补仪、玻璃纤维织物、直径滚、刮板、隔离膜、砂纸、剪刀、镊子、脱脂棉、抹布、真空袋、吸胶层、透胶层。

（二）工艺步骤

（1）根据试样的铺层设计和尺寸要求裁剪所需的玻璃纤维织物，保持纤维布洁净。

（2）配制所需的树脂材料。

（3）在模板（硬质的塑料板、金属板）上，铺设隔离膜。

（4）在隔离膜上，用刮板均匀刮涂一薄层树脂。然后按照设计要求，铺一层裁剪好的纤维织物，用刮板和直径滚小心地将纤维织物压实，使树脂完全浸透纤维织物，要防止纤维织物的折皱，并尽量使树脂均匀。完成后，再涂一层树脂，接着铺一层纤维织物，按照上述操作继续完成铺设。以此类推，直至铺设到设计的层数或厚度要求。也可采用另外一种方法：在隔离膜上用刮板刮涂树脂，然后，将裁剪好的纤维布铺设到树脂上，通过直径滚滚压，使树脂完全浸透纤维布，再将浸透好的纤维布铺设到模板上。类似地，再次在隔离膜上将纤维布浸透，然后，再铺设到模板上。以此类推，最终，按照设计完成铺设。

（5）将铺设好的复合材料层压板，放入烘箱中，依次放置透胶层、吸胶层和真空袋。

（6）用密封胶条完成真空袋的密封，并连接好真空导管。

（7）制定固化程序，启动烘箱，完成固化。

（8）取出试样，去毛边，修整，准备进行性能测试。

（三）注意事项

（1）裁剪玻璃布时，要避免油污等沾到玻璃布上。裁剪尺寸可以稍微大于层压板的尺寸，以便固化后进行修整时，以免使层压板尺寸小于设计尺寸。

（2）隔离膜铺设到模板上，要保持平整，避免褶皱。可以用胶带进行固定。

（3）湿铺时，一是要保证树脂完全浸润玻璃布，但是也不能使树脂过多；二是保证玻璃布的方向准确；三是用直径滚进行滚压时，要注意不要使玻璃布变形，同时尽量避免起毛，破坏玻璃布的编织特性。

（4）真空袋要保证其密封完好。加压一般不要晚于加热固化开始的时间。

（5）固化时，必须要根据不同树脂的特性，制定好相应的固化工艺，确定好升温降温速率以及保温的时间。

（6）固化后，取出试样时，要小心，避免损伤试样。

四、专业知识

（一）层压板概念

在复合材料结构中，层压板是一种应用最广泛的结构之一，由于它可制成多种结构形式，并可采用多种工艺方法成型，可设计性强，在航空航天飞行器结构中应用十分普遍。层压板，国内有些文献上亦称层合板、叠层板，它是只由纤维和树脂构成的复合材料板，因而国外文献上亦称实心层压板和整体层压板。

层压板系指由两层或多层不同的铺层通过树脂固化彼此胶接在一起构成的复合材料板，构成层压板的铺层可以是同种材料，也可以是不同材料，每层方向和铺贴顺序按设计要求确定，从而使形成的层压板达到满意的性能。层压板的加工制作是按严格的质量控制标准进行的，其过程包括预浸料剪裁、铺贴，在专门的设备中施加一定的温度、压力后固化成型，如图3-2所示。

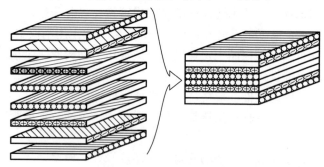

图 3-2　复合材料层压板

复合材料层压结构是指经过适当的制造工艺（如共固化、二次胶接、机械连接等），主要由层压板形成的具有独立功能的较大的三维结构，如翼面结构的梁、肋、壁板、盒段、机身侧壁及飞机部件等。

（二）铺层设计

与传统的金属结构相比，复合材料层压结构具有非常突出的特点，也存在明显的缺点。设计人员在设计复合材料结构时，必须仔细权衡，在结构形式选择、材料选择、应用部位选择、许用值控制、细节设计诸多方面，充分利用复合材料层压结构的优势，避免出现不利因素。

层压板铺层设计一般应遵循以下原则：

1．有效传力

铺层设计应考虑保证结构能最有效、最直接地传递给定方向外载荷，提高承载能力、结构稳定性和抗冲击损伤能力。

（1）以受拉、压为主的构件，应以 0°铺层居多为宜。

（2）以受剪为主的构件，应以±45°铺层居多为宜。

（3）从稳定性和耐冲击性考虑，层压板外表面宜选用±45°铺层。

（4）在可能受到低能冲击部位，外表面宜选用织物铺层，可增加±45°铺层的比例，或采用由碳-芳纶、碳-玻璃纤维构成的混杂结构。

（5）铺层方向应按强度、刚度要求确定，为满足层压板力学性能要求，可以设计任意方向铺层，但为简化设计、分析与工艺，通常采用四个方向铺层，即 0°、±45°和 90°铺层。

（6）从结构稳定性、减少泊松比和热应力及避免树脂直接受载考虑，建议一个构件中应同时包含 4 种铺层，如在 0°、±45°的层压板中必须有 6%～10%的 90°铺层。

2．工艺

铺层结构设计应避免固化过程中由于弯曲、拉伸、扭转等耦合效应引起的翘曲变形和树脂裂纹。

（1）在层压板中，特别是由单向带构成的层压板，铺层相对于板的中面应对称布置，铺层的增减变化也应是逐步、相对于中面对称的（图 3-3）。

（2）避免使用同一方向的铺层组，如果使用，不得多于 4 层；避免使用 90°的铺层组。

（3）相邻铺层间夹角一般不大于 60°。

3．腐蚀控制

当设计直接与铝合金、合金钢等构件接触时，构件表面应布置玻璃布层，把碳纤维复合材料与上述金属隔离开。

4. 公差控制

当设计对公差有严格要求而难以由成型工艺直接获得其尺寸公差的构件时，拟控制公差部位的外表面应布置专供机械加工的辅助铺层，通过对辅助铺层的加工，达到精确控制厚度公差的目的。

（三）铺层的简化表示方法

层压板铺层在工程样图中有十分明确的表示，但在一般的技术文献中使用显得过于烦琐不便，因而文献中通常采用简化表示法。该方法是用置于中括号内的角度值与斜线的组合表示铺层结构，便于使用。

采用简化表示法表示铺层结构，应遵循下列约定：

（1）由箭头所指的层开始，按层顺序排列（图 3-3(a)）。

（2）相邻的层以斜线隔开。

（3）铺层角相同依次铺贴的铺层组，用置于铺层角下的数字下标表示总层数（图 3-3(b)）。

（4）当用±符号表示相邻层时，其中上面的代表两层中的第一层（图 3-3(c)）。

（5）当铺层对称且总层数为偶数时，则可只写对称的一半铺层，中括号外加下标英文字母 S，以表示对称（图 3-3(d)）。

（6）当铺层对称且总层数为奇数时，对称轴处的层上方加短横，中括号外加下标英文字母 S（图 3-3(e)）。

（7）重复出现的铺层组，只写铺层的构成，中括号外加数字下标，表示重复出现的次数（图 3-3(f)）。

（8）由织物构成的铺层，以±角度值外加圆括号表示（图 3-3(g)）。

（9）混杂铺层结构，在角度下加表示材料代号的英文字母下标，其中 C 为碳纤维，G 为玻璃纤维，A 或 K 为芳纶，B 为硼纤维（图 3-3(h)）。

（四）树脂基复合材料成型工艺技术特点

金属材料零部件通常采用机械加工、压延、锻、铸等工艺方法制造，这是由金属材料的可切削性、可延展性和可熔性等固有特性所决定的，零部件经装配、连接成为结构。

复合材料结构与金属结构在成型技术上有显著不同，主要表现在：

（1）复合材料结构，材料形成与结构成型一次完成，其结构设计与制造技术密切相关，在设计同时必须研究其制造技术的可行性、先进性。制造出优良的复合材料结构，需要设计师、工艺师、化学师、模具师的通力配合，反映了复合材料制造技术的综合相关性。

（2）制造技术的选用有较大的自由性，追求可操作、质量稳定、低成本之间的统一性。不同的成型方法如整体共固化、分段共固化、胶接连接所获得的结构，

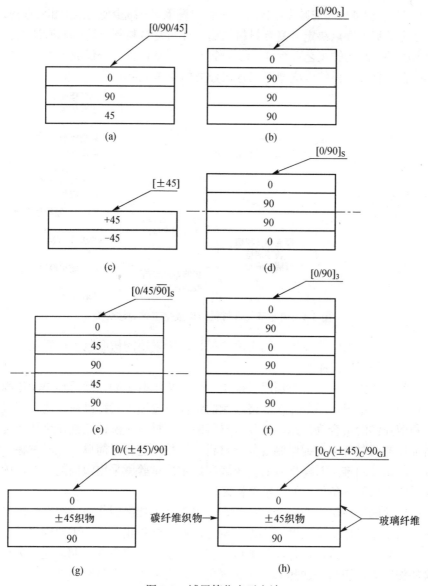

图 3-3 铺层简化表示方法

在性能上有差异，结构效率也不相同。对具体结构都有其最佳成型工艺方法。

（3）复合材料结构制造过程中的工序管理（工艺质量控制）是保证生产合格产品的关键，选用高效高生存率的成型技术是获得高质量、低成本复合材料结构件的重要措施之一，最终检验仅仅是质量合格与否的判断。

（4）修理是不可回避的，它是复合材料广泛使用的重要一环。在制定结构设计与成型方案的同时就应考虑减少结构缺陷/损伤出现概率，减少使用维护和修理问题。

这几个基本特点决定了复合材料结构设计与复合材料制造技术密切相关，统筹考虑所设计结构的工艺可行性（可操作性）、质量保证和降低成本等诸多方面要求。树脂基复合材料结构成型工艺方法分类如图 3-4 所示。

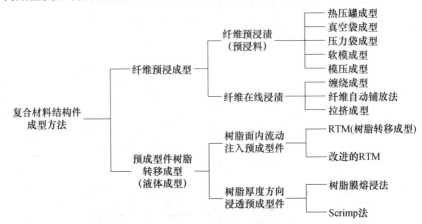

图 3-4　树脂基复合材料结构成型工艺方法分类

层压方式可以生产多种不同用途的板材，所采用的树脂包括环氧树脂、酚醛树脂、不饱和聚酯树脂等。

实际工业生产中多采用预浸料铺层，通过热压机压制，然后加热加压固化成型。预浸料是指用树脂基体在严格控制的条件下浸渍连续纤维或织物，形成树脂基体和增强体的组合物，是制造复合材料的中间材料。湿铺工艺在用树脂浸渍纤维增强体的同时就进行铺层制造复合材料。这种工艺相对简单，容易掌握，但是质量控制比较困难，对操作者的要求较高。本次试验就采用湿铺的方法，因为这更加适应未来外场条件下的飞机结构修理。

层压板的层与层之间完全靠树脂在压力帮助下加温固化而胶接在一起形成一定厚度的板，制作中除温度、压力因素外，树脂含量也是一个重要因素。工业生产中，多采用热压罐，进行加热加压固化。由于实验室条件限制，通常采用真空袋来施加压力，用烘箱加热共同完成固化，或者采用复合材料热补仪完成加热加压固化。不同制造方法的特点见表 3-1。

表 3-1　复合材料成型方法特点及适用范围

方　法	特　点	适用范围
热压罐成型	热压罐提供均匀的高温度、高压力场；制件质量高，但设备昂贵、耗能大	大尺寸复杂型面蒙皮壁板高性能构件
真空袋成型	真空压力<0.1MPa，设备简单、投资少、易操作	1.5mm 以下板件和蜂窝件

方　法	特　点	适用范围
压力袋成型	同真空袋成型，压力袋压力 0.2～0.3MPa	低压成型板、蜂窝件
软模成型	借助橡胶膨胀或橡胶袋充气加压，要求模具刚度足够大，并能加热	共固化整体成型件
模压成型	压机加压、模具加热；尺寸有限，模具设计难，制件强度高、尺寸精确	叶片等小板壳件
缠绕成型	纤维在线浸渍并连续缠绕在模具上，再经固化成型	筒壳、板材
自动铺带法	纤维带（宽 75～300mm）在线浸渍后，自动铺放在模具上，并切断、压实，再经固化成型	凸模型面零件批量生产
纤维自动铺放法	多轴丝束或窄带（宽 3mm）在线浸渍后，自动铺放在模具上，并切断、压实，再经固化成型	凹凸模型面零件批量生产
拉挤成型	纤维在线浸渍后直接通过模具快速固化成型，连续、快速、高效生产	型材、规则板条
预成型件/树脂转移成型（RTM）	树脂在面内压力下注射到预成型件内后再固化成型。要求模具强度、刚度足够，并合理安排树脂流向和注射入口与冒口，制件重复性好、尺寸精度高、Z 向性能高	复杂高性能构件
预成型件/树脂膜熔浸法（RFI）	树脂膜熔化后沿厚度方向浸透预成型件，再固化成型。可采用单面模具，制件 Z 向性能高、重复性好，尺寸精度高	复杂高性能构件
低温固化成型	低温（80℃以下）、低压（真空压力）固化树脂体系复合材料成型工艺。目前构件性能和普通环氧树脂构件相当	小批量生产的构件
电子束固化成型	利用电子加速器产生的高能电子束引发树脂固化，空隙率低（<1%），力学性能高、固化时间短、热应力小，减少环境污染，需要专用树脂	正在走向实用化

（五）影响层压板力学性能的主要因素

由于层压板是增强纤维及其制品和树脂组合而成的复合材料，层压板的性能基本上取决于所用的两种原材料的性能。其中增强纤维制品由树脂包覆，所以，层压板的化学性能主要取决于树脂基体，而增强纤维及其制品由树脂胶接并固定其位置而起骨架作用，所以层压板制品的机械强度主要取决于增强材料。但是上述两种组分材料不同的作用又不是绝对的，而是相互影响的。例如，层压板的层间剪切强度和弯曲强度又与树脂的力学性能有关，尤其是纤维与树脂的界面状态是影响这两种强度的主要因素。

1. 树脂含量对层压板力学性能的影响

树脂预浸带（Prepreg Tape）的质量直接影响到复合材料最终制品性能及其稳定性、重复性。树脂含量（Resin Content）是预浸带最重要的质量指标，它的大小和波动范围决定了最终复合材料制品的树脂含量及分布。如果树脂贫富不均，受力时则产生应力集中，容易导致结构被破坏。

复合材料中给定方向的纤维含量越大，该方向的强度越大。在理论上应尽量提高纤维的含量，但实际上树脂含量过低时，就会造成复合材料的缺胶现象，使纤维胶接不牢，复合材料受力时就会发生界面破坏，破坏试样断面缺胶，界面脱黏。复合材料的胶接层可分为纤维层、界面层和树脂层，树脂和纤维的界面通过界面凹凸部位的机械结合作用及纤维和树脂的界面化学基团的相互作用来提高界面胶接强度。

实验证明，应力是通过树脂与增强材料间的黏合键传递的，若树脂与增强材料间胶接不牢，应力的传递面积仅为增强材料总面积的一部分。特别是对于织物复合材料，层与层间没有纤维连接，在树脂不足的情况下就更容易发生层间断裂。当树脂质量含量高于某个指标范围时，虽然有足够的树脂浸透纤维微孔，但由于纤维含量低，界面面积减少，纤维的增强效果就会减弱，甚至当纤维量过低时，纤维就达不到增强的效果，反而相当于基体材料的杂质，降低了材料的性能。所以，只有当树脂质量百分含量落在某个指标范围内，且树脂含量分布均匀时，增强材料的作用才能得到充分的发挥，此时复合材料的综合性能最佳。

2. 纤维增强相的影响

复合材料力学和实验结果告诉我们，纤维增强相的含量对层压板的强度影响很大，而且纤维排列方式的差异也将导致力学性能的各向异性。这个问题既是一个力学问题，又是一个工艺问题。正因为复合材料是各向异性材料，所以在强度设计上与一般均质材料（各向同性材料）存在较大的差异，而且在设计计算中也比较复杂。在层压板中，玻璃纤维主要起骨架作用，各个方面的力学性能可以通过增减纤维含量来进行调整，这就为设计提供了灵活性。我们可以根据主应力的方向确定纤维含量的多少，应力最大的方向纤维含量最多，于是可以设计为等强度的合理结构。这样既节省材料，又减小质量，如圆筒形高压容器，通常情况下，环向与纵向纤维布置成二倍关系。

此外，为了充分发挥纤维强度的作用，尽可能地保证纤维的连续性，尽量在制品上少开孔。如果非要开孔不可，应进行开孔补强。由于层间剪切主要由树脂来承担，而树脂抗剪强度较低，所以应尽量避免玻璃钢层间受剪切应力作用。

3. 界面的影响

复合材料的界面区可理解为是由纤维和基体的界面加上基体和纤维表面的薄

层构成的。基体和纤维的表面层是相互影响和制约的，同时受表面本身结构和组成的影响。表面层的厚度目前尚不清楚，估计基体的表面层厚度比纤维的表面层厚约 10 倍。基体表面层的厚度是一个变量，它不仅影响复合材料的力学行为，还影响其韧性参数。对于复合材料，界面区还应包括处理剂生成的耦合化合物，它与玻璃纤维与基体的表面层结合为一个整体。

界面的作用是使纤维和基体形成一个整体，通过它传递应力。如果纤维表面没有应力，而且全部表面都形成了界面，则界面区传递应力是均匀的。实践证明，应力是通过基体与纤维的黏合键传递的，若基体与纤维间的润湿性不好，胶接面不完全，那么应力的传递面积仅为纤维总面积的一部分，所以为使复合材料内部能均匀地传递应力，显示出优良的性能，要求复合材料的制备过程中形成一个完整的界面区。

4．设计和工艺条件

设计理论和设计参数的确定必须以实验为基础。层压板的强度不仅与纤维的铺层方式和含量有关，而且与纤维的类型有关，因此进行强度设计时就不可能有一个确定的数值进行计算。由于目前复合材料的设计理论不成熟，加之成型工艺的复杂性，因此，设计参数的确定必须针对具体的工艺条件和纤维含量，进行一定的数量的实验后，由实验数据来确定。同时，一个层压板制品的设计过程，应结合模拟实验进行。

制备过程的工艺条件也会直接影响到最终制品的性能，如固化的温度和时间、环境的温湿度、纤维铺放的方向等每一个环节都有可能导致制品产生缺陷，最终影响宏观的机械性能。

例如，聚酯玻璃钢板小试件的拉伸强度可达 200MPa，但如果制造一块 9m×3m 的弧形板，从上取下一条试件，测定其拉伸强度只有 100MPa。有人认为，拉伸强度为 260MPa 时，采用 100MPa 的设计强度是取了安全系数 $K=2.6$，实际上完全相反，这样根本没有安全度。对于大面积胶接件，如果采用某些资料上给出的数据（那是小试件的结果），有可能出现很大的危险。如环氧树脂胶接的剪切强度资料上给出的是 20～30MPa，而实际上大面积胶接只能取 4～8MPa。

思 考 题

1．总结你在项目完成过程中遇到的问题，以及是如何应对的。

2．列举出湿铺工艺中哪些误操作能够在固化后通过修理的方法纠正，哪些不能。

3．怎么测量分析层压板中树脂和纤维的质量百分比，树脂含量对层压板的力学性能有何影响？

4．外场条件下实施复合材料胶接修理时，选用预浸料和采用湿铺法各有什么利弊？

5．外场条件下，本项目中的哪些工艺步骤可能会受到环境的影响？

湿铺法制备复合材料层压板视频

项目四　复合材料层压板拉伸试验

一、项目任务

测试所制备的层压板的拉伸力学性能，并分析性能及其影响因素。掌握复合材料层压板拉伸性能测试方法，观察复合材料拉伸破坏形式，能够进行一定程度的性能分析。

二、任务分析

（一）方法

按照标准制备试样，采用万能材料试验机进行拉伸测试。

（二）工艺分析

沿试样轴向匀速施加静态拉伸载荷，直到试样断裂或达到预定的伸长，在整个过程中，测量施加在试样上的载荷和试样的伸长，以测定拉伸应力（拉伸屈服应力、拉伸断裂应力或拉伸强度）、拉伸弹性模量、断裂伸长率和绘制应力-应变曲线等。通常进行拉伸试验需要参照一定的标准，这样才便于进行分析。因此，需要将上次所制备的复合材料层压板按照拉伸试样的尺寸要求，加工到合适的尺寸，并根据拉伸性能测试要求，诸如拉伸的速率等进行测试。记录测试结果，并结合制备工艺过程，分析制备工艺和材料性能之间的关系。

拉伸测试之前，在试样的两端需要胶接加强片，加强片可以是铝合金或纤维增强的复合材料板。胶接可以和试样的固化一起进行，也可以固化后再胶接。也可以用砂布或砂纸代替加强片。加强片可以使载荷均匀地施加在试样上，同时减缓应力集中，防止拉伸过程中打滑。

三、工艺步骤

（一）材料和工具

万能材料试验机，以及加强片、锯弓、锉、砂纸、游标卡尺。

（二）工艺步骤及注意事项

（1）取项目二所制备的层压板，目测距板边缘 20mm 区域内不得有气泡、分层、褶皱、翘曲等缺陷。考虑取样区域内玻璃纤维布铺层方向，按照图 4-1 和

表 4-1 给出的形状和尺寸，用锯弓、锉、砂纸等加工制备标准试样，至少 5 根。

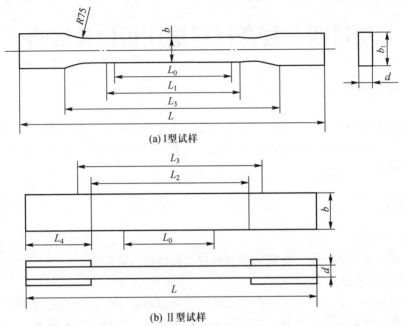

(a) Ⅰ型试样

(b) Ⅱ型试样

图 4-1　试样形式

表 4-1　Ⅰ型、Ⅱ型试样尺寸　　　　　　　　　　　单位：mm

符号	名称	Ⅰ型	Ⅱ型
L	总长（最小）	180	250
L_0	标距	50±0.5	100±0.5
L_1	中间平行段长度	55±0.5	—
L_2	端部加强片间距离	—	150±5
L_3	夹具间距离	115±5	170±5
L_4	端部加强片长度（最小）	—	50
b	中间平行段宽度	10±0.2	25±0.5
b_1	端头宽度	20±0.5	—
$d^{①}$	厚度	2～10	2～10
注：①厚度小于 2mm 的试样可以参照执行			

　　加工时禁止用油冷却和润滑，可以用水冷却，加工后需干燥处理。试样厚度方向的表面可不加工，但可用砂纸打磨，以提高测量精度，加工后试样有缺陷或尺寸相差太大的应作废。

　　（2）试样状态调节。试验前应将试样在温度 23℃±2℃、相对湿度 45%～55%的标准条件下至少放置 24h，或将试样在干燥器内放置至少 24h，亦可按送样单位要求的条件下放置24h。

（3）测量试样标距长度、宽度和厚度等数据，10mm以上的精确到0.05mm；10mm以下的精确到0.02mm。

（4）按如下规定选择加载速率。测定拉伸弹性模量、断裂伸长率和绘制应力-应变曲线时，加载速度一般为2mm/min。

测定拉伸应力（拉伸屈服应力、拉伸断裂应力或拉伸强度）时：

Ⅰ型试样的加载速度为10mm/min，Ⅱ型试样的加载速度为5mm/min。

（5）夹持试样，使试样的中心线与上、下夹具的对准中心线一致。

（6）在试样工作段安装测量变形的仪表。施加初载（约为破坏载荷的5%），检查并调整试样及变形测量仪表，使整个系统处于正常工作状态。

（7）测定拉伸应力时连续加载直至试样破坏，记录试样的屈服载荷、破坏载荷或最大载荷及试样破坏形式。

（8）测定拉伸弹性模量、泊松比时，无自动记录装置可采用分级加载，级差为破坏载荷的5%～10%，至少分五级加载，施加载荷不宜超过破坏载荷的50%。一般至少重复测定三次，取其两次稳定的变形增量，记录各级载荷和相应的变形值。

（9）测定拉伸弹性模量、断裂伸长率和绘制应力-应变曲线时，有自动记录装置，可连续加载。

（10）若试样出现以下情况应予以作废：

① 试样破坏在明显内部缺陷处。

②Ⅰ型试样破坏在夹具内或圆弧处。

③Ⅱ型试样破坏在夹具内或试样断裂处离夹紧处的距离小于10mm。

（11）同批有效试样不足5个时，应重做试验。

（12）计算：

拉伸应力（拉伸屈服应力、拉伸断裂应力或拉伸强度）按式（4-1）计算：

$$\sigma_t = \frac{F}{bd} \qquad\qquad (4-1)$$

式中，σ_t——拉伸应力（拉伸屈服应力、拉伸断裂应力或拉伸强度），单位为兆帕（MPa）；

F——屈服载荷、破坏载荷或最大载荷，单位为牛顿（N）；

b——试样宽度，单位为毫米（mm）；

d——试样厚度，单位为毫米（mm）。

试样断裂伸长率按式（4-2）计算：

$$\varepsilon_t = \frac{\Delta L_0}{L_0} \times 100\% \qquad\qquad (4-2)$$

式中，ε_t ——试样断裂伸长率，%；

　　　ΔL_0 ——试样拉伸断裂时标距 L_0 内的伸长量，单位为毫米（mm）；

　　　L_0 ——测量的标距，单位为毫米（mm）。

试样拉伸模量按式（4-3）计算：

$$E_t = \frac{L_0 \Delta F}{bd \Delta L} \qquad\qquad (4-3)$$

式中，E_t ——拉伸弹性模量，单位为兆帕（MPa）；

　　　ΔF ——载荷-变形曲线上初始直线段的载荷增量，单位为牛顿（N）；

　　　ΔL ——与载荷增量 ΔF 对应的标距 L_0 内的变形增量，单位为毫米（mm）。

其余同式（4-1）和式（4-2）。

（13）绘制应力-应变曲线。

四、专业知识

（一）关于层压板性能测试

层压板性能试验已经从原材料的层面上升到复合材料的层面，是复合材料表征与性能评价的重要组成部分。层压板的表征包括物理性能和力学性能试验，而力学性能试验又包括静态、疲劳、断裂试验等。

同其他工程材料一样，复合材料的力学试验是评价复合材料性能和质量的最终依据，作为结构使用的复合材料，在材料的开发或改性的前期，运用一些物理化学方法进行表征和研究是必要的，但最后结果的判断，必须使用力学性能试验得到的数据，综合分析对比后进行取舍。

对材料研究者而言，其着重关心的是层压板的拉伸、压缩、弯曲、面内剪切和层间剪切及抗冲击等性能。对于复合材料结构设计，必须通过静态力学性能试验，提供单向纤维增强层压板的纵向拉伸强度和模量、横向拉伸强度和模量、纵向压缩强度和模量、横向压缩强度和模量、纵向剪切强度和模量及主泊松比这 11 个工程常数。在考虑结构的完整性和稳定性时，还要了解与结构有关的性能数据，包括开孔拉伸和压缩、填充孔拉伸和压缩、层间断裂韧性、冲击后压缩及损伤容限等。

材料性能标准试验方法是获得规范化材料性能数据的重要依据，也是建立产品质量监控方法、材料鉴定/评价方法的技术标准。

目前国内标准试验方法大致可以分为：

（1）企业标准——主要供企业内部及企业间合作使用，表示为 Q/XX0。

（2）部门标准——如航空工业标准(HB)、建材行业标准(JC)等，主要用于本部门。

（3）国家标准(GB)——国内各行业通用标准。

（4）国家军用标准(GJB)——国内军用产品专用标准。

国外标准方法大致可以分为：

（1）ASTM 标准——美国材料与试验协会标准。

（2）MIL 标准——美国军用标准。

（3）ISO 标准——国际标准化组织标准。

1. 层压板拉伸试验

拉伸试验是复合材料最基本的试验方法，测量在拉伸载荷下复合材料层压板抵抗变形和断裂的能力，单向层压板的拉伸试验可得到以下性能数据：

E_{1T}——沿纤维方向的拉伸弹性模量；

E_{2T}——垂直于纤维方向的拉伸弹性模量；

X_{1T}——沿纤维方向的拉伸强度；

X_{2T}——垂直于纤维方向的拉伸强度；

v_{21}——泊松比；

ε_{1T}——沿纤维方向的应变；

ε_{2T}——垂直于纤维方向的应变。

除了上述结果外，复合材料试验过程中的信息，对于材料研究人员也是至关重要的，因为不同的失效模式导致不同的试验结果。

1）试验原理

将按标准试验方法要求制备并经状态调节后的单向或正交铺层试样装夹在试验机的上、下夹头上，对其施加拉伸载荷，测定材料的拉伸性能。

2）试样

对于高性能的复合材料来说，直边形试样是目前被广泛接受的一种试样形式，被多数的复合材料拉伸试验方法选用（如 GB 3354、ASTM D3039 等）。直条形的试样形状简单易于加工，工作段较长，在很大的测试的标距段范围内的应力分布均匀，可方便地同时进行弹性模量、强度及断裂伸长率的测量，具有适用范围广泛等特点，除了适用于单向层合板拉伸性能试验之外，还可应用于多向层合板及编织物增强的复合材料的拉伸试验。对于多向及织物增强复合材料的试验，只是试样的宽度需要加宽些。

早期的复合材料拉伸试样的形式是多种多样的，这些试样多采用了变截面形状、变宽度的试样，即哑铃形试样。变厚度试样及变宽度、厚度试样的典型代表有采用厚度减薄试样的 RAE 及截面等应力设计的流线形试样应用的实践表明，这些源自金属材料的试样形式都没有能够达到预期的效果。这主要是由于复合材料明显的各向异性特性决定的。复杂的试样形式逐渐停止使用，代之以简单的直边试样，两端加载区粘贴加强片。这种试样形状简单，易于加工，工作段较长，在测试的标距段内的应力分布均匀，可方便地同时进行弹性模量、强度及断裂伸长率的测量，适用范围广泛，除了适用于单向层合板拉伸性能试验之外，还可应用于多向层合板及编织物增强复合材料拉伸试验。对于多向及织物增强复合材料的试验，只是试样的宽度需要加宽。

中国国家标准及美国 ASTM 标准采用的都是直条形的试样（图 4-2），拉伸试验试样尺寸见表 4-2。

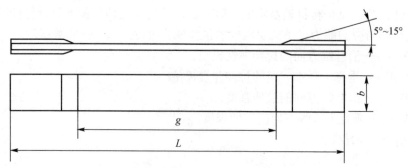

图 4-2　拉伸试验试样形状与尺寸示意（单位：mm）

表 4-2　拉伸试验试样尺寸　　　　　　　　　　　　　　单位：mm

铺层形式	GB 3354		ASTM D3039	
	试样尺寸	加强片长	试样尺寸	加强片长
$[0]_{ns}$	230×15	50	250×12.7（厚 1.0）	56
$[90]_{ns}$	170×25	50	175×25.4（厚 2.0）	25
$[0/90]_{ns}$	230×25	50	250×25.4（厚 2.5）	—
均衡对称板				
随机取向短纤维板			250×25.4（厚 2.5）	—

3）加强片

加强片具有承受载荷、保护试样表面、均化及传递载荷的作用，载荷通过加强片的胶接面的剪应力传递至试样夹持区的表面。加强片材料的选取与粘贴质量的好坏直接影响到试验的结果。因此，加强片粘贴是试样准备工作的重要环节。

至于加强片的倒角目前说法不一，可根据选用标准及具体情况确定。

应力分析结果表明，在加强片附近区域存在剪切应力及正应力的应力集中且在加强片的根部存在剥离。这主要是由于加强片厚度的突变导致加强片附近应力集中，从应力分布意义上讲，加强片应采用带有倒角的形状，以降低厚度突变导致的应力集中。

然而，对比试验结果表明，对于单向碳纤维/环氧复合材料，加强片倒角在10°~90°范围内对试验结果并没有显著影响。据此，ASTM D3039 建议的加强片倒角为5°~90°。

加强片所用材料的弹性模量应比被测材料低且具有更大的断裂变形。对于单向纤维增强复合材料 0°试样，正交玻璃纤维(布)复合材料是一种较为理想的材料，也有一些文献建议采用[±45]$_{ns}$铺层的玻璃纤维(布)复合材料，其次，可选用铝合金材料。加强片的厚度应根据试样的厚度而定，一般对于 16 层的复合材料板，选择 1.5~2.5mm 比较合适，ASTM D3039 中规定为 1.5 倍试样厚度。

粘贴的胶黏剂的选择可根据具体试验材料的强度、玻璃化转变温度及试验条件选取，原则上，应确保试验过程中加强片不会脱落，也不会造成纤维从加强片中纵向抽出。还应注意到加强片的粘贴固化过程应对被试验材料没有影响，一般习惯选取胶黏剂的固化温度比复合材料的固化温度低 30℃。

对于[0/90]$_{ns}$ 层合板试验，可采用与[0]$_{ns}$相同的加强片。

90°试样可不粘贴加强片，但试验时夹持力应足够小，对试样的表面不应造成严重的损伤。

4）夹持与加载

试验加载是至关重要的，对于各向同性材料或者各向异性程度较低的材料来说，实现拉伸加载比较容易，例如，可以通过类似于 ASTM D638 规定的哑铃形试样端部的销钉孔实现销钉加载或者采用夹持加载的方法，都可以很好地实现拉伸加载。而对于复合材料来说，这种方法就不再有效，销钉孔加载限于复合材料的挤压强度，难以实现拉伸加载。因此，只有通过夹持区的夹持作用实现拉伸加载。换言之，拉伸载荷通过试样夹持面的剪切实现。

拉伸载荷通过试验设备夹头的夹持面传递到试样的加强片，再传递到试样与加强片的胶接面，从而对试样工作区形成拉伸加载试验夹头的加载牙块，具有预先加工的齿状结构是与试样加强片直接接触的夹持区域。该区域采用高强度材料制成，且具有很高的硬度，以确保在夹持力作用下，齿形区域与试样的加强片表面能够咬合，以增大表面摩擦力，确保在正常试验加载过程中不会产生滑动。

通常夹持区的受力比较复杂，经足够长的过渡区域，到达试样中部工作区的应力分布会变得比较均匀，所以复合材料拉伸试样通常具有较大的长度尺寸。

试验的夹持力主要通过以下两种形式实现：①自锁紧楔形夹持块，这种结构仅需要给定初始的预紧力，当楔形夹持块受到拉伸载荷作用时，楔形块对试样的夹持力会随着拉伸载荷的增大而逐渐增大，从而形成自锁紧的状态；②夹持力主要通过液压装置实现，很多液压夹头可以具备液压夹持的功能，可以提供比自锁紧楔形块更大的夹持力。

上述两种形式的夹持力分别对应实际的两种试验装置，即机械式夹具和液压式夹具。机械式夹具提供的夹持力与拉伸载荷成正比，且随着楔形块的角度而变化，一般合理的楔形块角度约为 10°。如果楔形块角度过大可能会导致作用在试样表面的压缩载荷过大，造成试样的损伤。

液压夹具提供的夹持力通过液压系统实现，液压系统的压力大小可以在试验前设定。压力值与试验所需拉伸载荷的大小有关，可在反复试验过程中积累关于压力设定的相关资料，也可在试验之前反复调试至合适的压力值。

与机械式夹具相比，液压夹具可以提供精确可控的夹持力，且易于操作，但通常的液压夹具结构复杂，尺寸大，成本远高于机械式夹具。液压式夹具的刚度好，对中性好，可以实现拉伸-压缩反向加载，特别是在实现疲劳加载方面具有机械式夹具无法比拟的优势。

夹持力的控制对于试验过程至关重要，夹持力并非越大越好，也不是越小越好。通常夹持力的大小以能够确保在试验过程中不产生试样与夹头间的相对滑移为宜，过大的夹持力导致夹持区的应力状态复杂化，甚至导致夹持区发生非预期的破坏。而过小的夹持力会在试样加强片与试验夹头之间发生相对滑动，在加强片表面形成滑移的划痕，也可能导致加强片脱落，从而引起试验失败。

夹持力的大小与试样破坏强度及其几何尺寸密切相关，材料沿纤维方向具有很高的强度，垂直纤维方向的强度较低，而试样的几何尺寸、铺层方向等都会影响试样的最终破坏载荷，设计试验方法时应该充分考虑这些因素，以获得合理的破坏模式。

5）加载对中性

当载荷的作用线和试样的中心线不一致时，由于对中的偏离会导致局部应力集中，对于 0° 试样，很小的偏载对拉伸强度的影响是非常显著的。有文献表明，1°的偏轴加载会造成拉伸强度降低达 30% 左右，而对于 90° 试样来说，对中不好更会对试验结果造成显著的影响，因此准确对中对于复合材料试验是至关重要的，需要尽量设法减小装夹时的偏斜。

试验设备通常有两种形式来保证试验的对中性：一种是试验夹具与刚性机架之间采用刚性连接，通过高精密度的机械系统保证试验夹具的良好对中性，常见的液压伺服材料试验系统采用的液压式夹具即属于这种形式的连接方式；另一种连接方式是非刚性的连接方式，允许试验夹具与设备系统之间自由转动，试验夹具通过万向节与试验设备相连，并实现自动调节。这类连接方式确保试验区域的对中性。前者的对中性较好，但对设备精度及设备的日常维护要求较高，且设备的采购和运行成本都比较高，日常维护的成本也比较高。尤其是对于日常使用频繁的情况，保持设备始终处于高精度状态，其维护成本高。如果设备经常运行在高载荷状态，设备的高精度保障就更加困难了。在日常使用中，应注意保持设备的正常使用，避免在使用过程中产生偏轴载荷，以免损害设备的精度。这可能出现在以下几种情况下：①试样纤维方向偏离；②具有非均衡对称的铺层；③试样加工质量较差。

无论是刚性连接夹具，还是通过万向节连接的夹具，选用何种夹具可根据操作者的喜好及试验设备的具体情况来确定。

除了由于对中偏离造成的试样弯曲外，因试样本身的原因也可能会引起试样弯曲，例如，纤维伸直程度的差异、试样沿厚度压实程度的差异等。此时，测试试样的弹性模量应取正、反两面应变的平均值。

有些标准要求在试样夹持的两端安装定位销来帮助试验夹持过程中定位，从而确保试样夹持的对中性。

正式试验开始之前，一般都需要对试样进行预加载，预加载有时需要反复进行，预加载的目的在于调整纤维变形的一致性，从而得到线性程度较好的试验应力-应变曲线，但每次预加载的载荷均应不超过破坏载荷的50%，且加载过程中不应有纤维断裂声。

6）试验过程

先进行状态调节，除非另有规定，标准状态调节方法是：试验前应在标准试验环境下放置不少于24h。GB/T 1446—2005规定的标准试验环境温度23℃±2℃；相对湿度50%±10%。

具体试验步骤如下：

（1）将目视检查合格的试样编号。

（2）测量工作段内三个不同位置的宽度和厚度，精确至0.01mm（参见GB/T 1446—2005）。

（3）原则上，试验速度设置应使试验在1min内完成，推荐的横梁位移速率为2mm/min，或者采用应变控制试验，标准应变率为0.01mm/min。

（4）将试样放入试验机夹头，仔细地将被夹持试样与试验加载方向对齐。锁紧夹头，如果采用自动控制压力的装置，应在试验前设置适当的压力。

（5）在试样工作段安装应变测量装置，用来监测试样纵向及横向的应变。应变测量装置可根据需要选择引伸计或者在试样的表面粘贴应变片。必要时，可对试样进行弯曲百分数监测。

（6）以规定的加载速率对试样连续加载直至破坏，同时记录载荷、位移及应变等数据。如果采用分级加载，则应保证在试验线性段内不少于 7 个数据点。

（7）观察并记录每个试样的破坏模式和破坏区域。

（8）每批试验的有效试样数量应不少于 5 个。

7）数据处理

强度计算直接用记录的破坏载荷除以试样的截面面积，以 "MPa" 为单位，拉伸强度按式(4-4)计算：

$$\sigma_t = \frac{P_b}{bh}$$（4-4）

式中，σ_t——拉伸强度，MPa。

P_b——试样破坏时的最大载荷，N。

b——试样宽度，mm。

h——试样厚度，mm。

根据 GB/T 1446 的要求，试验报告要求的结果数据保留三位有效数字，或者按照用户的约定进行数据修约。

拉伸模量则需要在记录的应变-应力曲线的线性部分，通过线性拟合获得曲线的线性段的斜率，即为弹性模量，按式(4-5)计算：

$$E_t = \frac{\Delta Pl}{bh\Delta l}$$（4-5）

式中，E_t——拉伸弹性模量，GPa。

ΔP——载荷—变形曲线上初始线性段内的载荷增量，kN。

Δl——载荷—变形曲线上与 ΔP 相对应的试样标距段内的变形增量，mm。

l——标距段长度，mm。

b——试样宽度，mm。

h——试样厚度，mm。

主泊松比定义为在纵向拉伸载荷作用下，横向应变增量与相应的纵向应变增量之比，按式（4-6）计算：

$$\mu_{12} = -\frac{\Delta\varepsilon_2}{\Delta\varepsilon_1}$$（4-6）

式中，μ_{12}——泊松比。

$\Delta\varepsilon_1$——纵横向应变曲线中，纵向应变的增量。

$\Delta\varepsilon_2$——与纵向应变增量相对应的横向应变的增量。

泊松比总是负值，为了简化，试验数据通常省略负号。

8）讨论

观察破坏模式对于复合材料试验是至关重要的，由于材料的复杂性导致了其破坏模式的多样性，如果同一组试样的破坏模式各不相同，则对这组试样的试验结果的统计与分析也就毫无意义了。因此，必须充分了解试验的原理并确定可接受的破坏模式。宏观上，正常的单向板的纵向（0°）拉伸破坏应以纤维断裂为主，伴以横向及纵向的基体开裂、分层等其他损伤，而横向（90°）拉伸破坏则相对比较简单，破坏为沿纤维方向的单一断面。这就要求试验记录不仅仅记录破坏载荷、应变等信息，还要注明破坏模式、位置等信息。ASTM D3039 中，规定了详细的试验失效模式及位置的编码，给出失效情况简明的描述方法。一旦发现异常的、不可接受的破坏模式，应立即舍弃此试样的结果。

观察破坏模式有助于分析试验结果的合理性及异常数据的产生根源。

2．拉伸试验术语和定义

1）拉伸应力

在试样的标距范围内，拉伸载荷与初始横截面积之比。

2）拉伸屈服应力

试样在拉伸试验过程中，出现应变增加而应力不增加的初始应力，该应力可能低于试样能达到的最大应力。

3）拉伸断裂应力

在拉伸试验中，试样断裂时的拉伸应力。

4）拉伸强度

材料拉伸断裂之前所承受的最大应力。

注：当最大应力发生在屈服点时称为屈服拉伸强度，当最大应力发生在断裂时称为断裂拉伸强度。

5）拉伸应变

在拉伸载荷的作用下，试样标距范围内产生的长度变化率。

6）拉伸屈服应变

拉伸试验中出现屈服现象的试样在屈服点处的拉伸应变。

7）拉伸断裂应变

试样在拉伸载荷作用下，出现断裂时的拉伸应变。

8）拉伸弹性模量

材料在弹性范围内拉伸应力与拉伸应变之比。

注：使用由计算机控制的设备时，可以将线性回归方程应用于两个明显的应力/应变点间的曲线来计算模量。

9）断裂伸长率

在拉力作用下，试样断裂时标距范围内所产生的相对伸长率。

（二）复合材料结构件的机械加工

1. 切割加工

对成型脱模的复合材料结构件进行切割加工是不可避免的，这是因为：为装配而必须进行的边缘切割，零件上的工艺开口与装配开口的切割和边缘修磨以减少边缘应力集中。成型复合材料结构件切割加工的基本要求如下：

（1）所有的切割边缘都应完整光滑，以避免边缘分层面引发结构整体提前破坏。

（2）切割公差应符合图纸要求。

（3）刀具锋利以减少起毛和防止分层，并应有足够的使用寿命。

（4）切割应顺着零件表面纤维取向推进，切割速度应均匀，保持刀具平衡，不允许在零件上停留和空转。

（5）为防止总体变形，必要时应将零件固定在型架上进行切割。

（6）所有切割、打磨暴露的表面都必须用相应树脂（如环氧树脂）或漆料、密封剂封口。

（7）及时清除切削粉尘以防止划伤零件和降低污染。

1）砂轮片切割机

手提式砂轮片切割机装有厚度为 1～2mm 的金刚石砂轮片，以大于 1200r/min 的速度对零件边缘进行切割。此法具有实用、简便、易于调整等特点，但其加工精度依赖于操作者的技术水平，劳动强度也较大，并应注意防尘处理。在修切零件上开口时，处理弧面与直角时会遇到相应困难，必要时应辅以手工锉修。

2）超声波切割

利用超声波的高频振动启动切割刀具以切割复合材料零件，这是一种切割效率高、精度高的切割方法，其切割速度可达 3m/min，由计算机控制并使用锋利刀具可确保其高的切割精度。切割过程通常是在恒振幅的情况下进行，故此时切割速度是恒定的。本法仅需要配备超声发生器和相应传动系统，因此总的投资成本并不高。

3）高压水切割

经增压后的水（此时受到的压力为 180～300MPa），从蓝宝石喷嘴（孔的直径 0.18～0.22mm）喷出，形成喷射速度数倍于声速的高压水柱，对碳纤维复合材料（尤其是芳纶复合材料）进行切割和开口。本切割工艺具有切缝窄（1mm）、切割时不发热、无尘埃飞扬、无变形、无毛刺或少毛刺与无分层，并适用于弧面、曲面的切割加工等优点。采用高压水切割零件时，水的射流对切割物平面有可能出现喇叭口，层压板越厚，喇叭口现象越严重，此时应提高水射压力或采用加砂切割。

4）激光切割

激光切割是一种非接触式的加工方法，具有变形小、无表面摩擦、工装简便等优点，可适应于复合材料复杂构件的切割加工，适用于弧面、曲面的被切割零件。将激光发生器安装在可编程序的吊架动力头上，则可获得精确性高、重复性好的切割刀口。但由于受到功率限制，本法多半用于较薄零构件的切割加工。在采用激光切割零件时，还应防止对切割边缘的烧伤。一旦出现烧伤应及时调整激光功率和工艺参数。

2．打磨

对复合材料零件打磨包括面内打磨与边缘打磨。面内打磨是针对零件表面有树脂堆积或凹凸不平局部划伤等缺陷时所进行的作业，边缘打磨则是指边缘有毛刺、齿口或局部分层时所采用的平整措施。

3．制孔

迄今为止，复合材料结构自身、复合材料结构与飞机其他结构相连中，机械连接依然有着重要地位。在复合材料结构机械连接中，必先制孔。涉及制孔的关键技术有：

1）钻头

在钻头设计中有两点必须注意，即采用钨钴类硬质合金或镀金刚石钻头，并按复合材料特点进行钻头几何形状设计。

2）制孔工艺条件

由于复合材料层压板的层间强度较低，此时钻孔中的轴向力容易产生层间分层和出口层的分层，为避免上述损伤，控制进给速度和转速非常重要。孔的出口要衬硬塑料垫板或采取在层压板的出口表层固化一层玻璃布或可剥布。

3）制孔精度

精度包括孔的尺寸超差和孔周起毛与划伤。对尺寸公差通常不允许接连三个以上相邻孔径超差，100 个孔中超差孔不允许超过 5 个。

4）制孔的机械化、自动化

对于有精度要求的机械连接孔，如果结构开敞，应尽可能采用自动钻铆机制孔，以获得高精度与高效率，也可采用精密自动进给钻，此时只需用简易的贴合蒙皮的钻孔样板定位。在钻孔完成时，钻头仍保持旋转并快速退出，获得孔壁光洁无刀痕。它可使钻孔、铰孔、锪窝工序能一次完成，制孔精度达 H8～H9 级。

思 考 题

1. 根据项目中的经验，总结加工复合材料和金属材料的差别和需要注意的问题。

2. 根据拉伸测试的结果，分析层压板结构和力学性能之间的关系。

3. 列出制备工艺对层压板力学性能的影响。

复合材料层压板拉伸试验视频

项目五　复合材料损伤结构的胶接修理

一、项目任务

利用之前制备的复合材料层压板，将其裁成长 200mm、宽 50mm 的矩形试样，在中心钻孔预制非穿透性损伤，采用湿铺法进行胶接修理。掌握复合材料损伤结构胶接修理的基本工艺。

二、任务分析

（一）方法

采用贴补法胶接修理复合材料结构损伤。

（二）工艺分析

层压板的胶接修理一般分为贴补和挖补两类。这两类方法都有单面和双面之分。贴补修理是指在损伤结构的外部，通过胶接或胶接固化来固定一外部补片，以恢复结构的强度、刚度及使用性能的一种修理方法。贴补修理主要针对气动外形要求不严的结构进行。挖补则主要用于损伤面积较大、较严重的、较厚的（一般大于 3mm）层压板损伤。

补片形状。在飞机结构的表面胶接贴补过程中，为了使连接处截面的变化比较缓和，从而降低胶接端头胶层内的剥离应力和最大剪切应力，一般将补片的四周做成斜削的形状（一般为 1.5°～3°），另外，补片的外形和大小应根据损伤结构的具体形状来确定，并注意不要使补片的形状太特殊。当补片的形状发生变化时，要有足够的圆角半径。同时，复合材料补片的纤维方向（主轴方向）应尽量同损伤结构中的最大受力方向保持一致。

胶接修理之前应该根据结构损伤的情况确定修理方法及胶接修理的区域，然后对损伤部位进行处理，主要包括打磨、除尘、清洗、干燥等。复合材料结构表面可能有油污、附着灰尘、沉积物（如水碱、盐分等），在清除表面防护涂层前，应先用热水、洗涤剂或溶剂擦洗，待除去表面的污物后，再清除修理区内的防护涂层。清除范围包括修理胶接表面及其外扩至少 50mm 宽的区域。

注意：不允许使用化学脱漆剂和喷砂机除漆，这样会侵蚀树脂或因冲击引起表面分层。不要损伤层压板的表面和边缘。

一般使用手工或气动打磨的方法清除表面防护涂层，用 80 号砂纸除去全部面漆和大部分底漆，再用 150 号砂纸除尽残留的底漆，打磨过程中不允许损伤纤维。

用溶剂清洗胶接修理区域。用两块不起毛的布清洁修理区，一块用溶剂浸湿，以不滴洒为准，擦拭修理区，在溶剂挥发掉之前，马上用另一块干布擦干，重复操作，直至擦拭修理区的布不脏为止。

注意：①溶剂是有毒的；②只允许使用指定的溶剂；③防止溶剂被污染，操作时要把溶剂倒在布上，而不要把布蘸到溶剂里；④不允许将溶剂直接倾倒在层压板上。

把洁净的不起毛的布用去离子水打湿，轻轻擦过修理区，使其表面上形成一层薄的膜（在水不会进入制件结构内部的时候，可将水喷在修理表面上），查看润湿的表面，当水在整个表面形成完整的膜，30s 内不分离，聚集成水滴，说明表面是洁净的。如果不是这样，必须重新清洁修理表面，然后再进行水膜连续试验。

试验后，用洁净的干布擦干表面的水分，再按干燥程序干燥。

注意：水膜连续试验合格后，应防止修理区被污染，例如，要戴白色棉质细纱手套进行操作，并且尽快开始修补工作。

复合材料在使用过程中会吸收水分，层压板中吸收的水分严重影响胶接的质量。将修补材料胶接在含有水分的层压板上，相当于在高湿环境中长期使用。这种情况对修理有以下三方面的严重影响。一是层压板局部分层或产生气泡；二是由气泡或空隙造成修理件的强度降低，或修补的胶层强度损失；三是由于信号明显衰减，使超声波无损检测的有效性减低，难以证实胶层的完整性。实验表明，即使是100℃的固化，也必须在胶接修理前进行干燥处理，否则，因温度升高产生的湿气，会导致层压板结构内部和修理区的胶接界面中产生分层或孔隙。

一般对于室温固化修理，80℃（最高不超过 95℃）下，干燥时间为 1～2h。对于热固化胶接修理，时间需延长至 8h 以上，或增加 120℃烘 1～2h 的过程。升温速率不超过 3℃/min。

可使用红外灯、电热毯或热风枪进行局部加热干燥，也可以在烘箱或热压罐中进行整个部件的干燥。

三、工艺步骤

（一）材料和仪器

环氧树脂、聚酰胺 650、活性稀释剂、偶联剂、丙酮、脱脂棉、镊子、电子天平、容器、烘箱、真空泵、玻璃纤维织物、直径滚、刮板、隔离膜、砂纸、剪刀、抹布。

（二）工艺步骤

（1）确定修理区域并进行表面处理。

（2）水膜连续试验。

（3）干燥修理处理区。

（4）按规范配制树脂。

（5）用树脂填平缺损区，为防止树脂流溢，可盖上一层隔离膜。

（6）待树脂在室温下固化，或待其凝胶后加热固化，无须用真空加压。

（7）固化后，揭去隔离膜，用砂纸打磨出原有的型面，先用 180 号，最后用 360 号。

（8）按具体规范配制层压树脂。

（9）准备湿铺贴层。

（10）铺放湿铺补强层。

（11）安设真空袋，如要加热，还要安装加热设备，如红外灯、电热毯或热风枪及控温设备。

（12）真空压力下固化。

（13）拆除加热设备和真空袋。

（14）检查修理质量。

（15）恢复修理区域。

带附加补强层的室温永久性修理如图 5-1 所示。

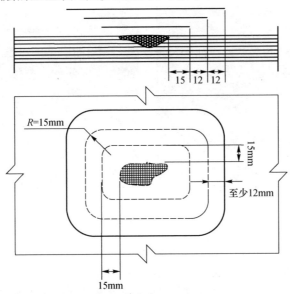

图 5-1　带附加补强层的室温永久性修理

四、专业知识

（一）层压板结构常见损伤

1．非穿透性损伤

（1）划痕——由于与尖锐物体接触而形成的连续的、尖锐或平滑的表面沟状破坏（图 5-2）。

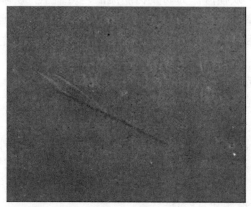

图 5-2　划痕

（2）擦伤——由钝物较大面积接触制件表面，并快速扫过而造成的粗糙表面，使浅表层树脂破损及纤维断裂（图 5-3）。

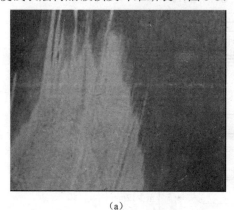

（a）

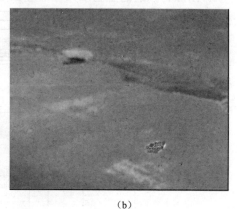

（b）

图 5-3　擦伤

（3）分层——层压板结构中相邻铺层的分离，它可以是由于固化过程中残留的气泡，也可以是局部铺层表面在制造过程中的污染或外来物冲击造成的部分铺层间的脱粘（图 5-4）；单向层压板在边缘处会出现劈裂（图 5-5）。

图 5-4 脱粘

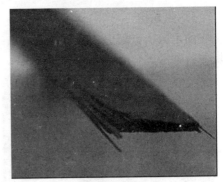
图 5-5 劈裂

2.穿透性损伤

层压板结构受外来尖锐物或枪弹冲击造成局部区域内所有铺层破坏，一般会导致损伤区周边分层和下层结构损伤（图 5-6、图 5-7）。

（a）

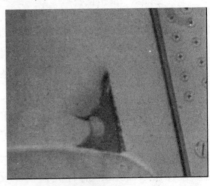
（b）

图 5-6 穿孔损伤

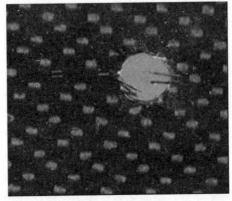
图 5-7 孔边损伤

3．热损伤

由于雷击、起火、修理中的过热或操作失误导致树脂材料降解，造成局部区域内的铺层部分或全部失效（图 5-8、图 5-9）。

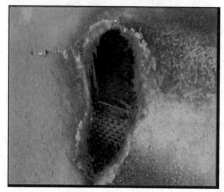

图 5-8　雷击损伤

图 5-9　烧伤

（二）复合材料结构的允许损伤极限与损伤修理极限

复合材料结构的允许损伤极限（损伤包容能力）和损伤修理极限影响因素很多，不同的结构形式、不同的材料体系、不同的飞机类型都有不同的规定，一般是结构自身特有的，主要是由结构的设计应变控制。

1．允许损伤极限（修理与不修理的界限）

复合材料结构允许损伤极限（损伤包容能力）与结构的设计应变水平密切相关。目前，按限制设计许用应变 0.3%～0.4%设计的壁板类结构，一般允许损伤面积当量直径小于 20mm 的各类损伤。又如 F-18 的修理指南规定压痕小于 0.4mm深，分层小于 13mm 直径圆面积，开胶小于 19mm 直径圆面积可不修理，照常使用。经验表明，F-18 的修理规定偏保守了，但定量上放宽到什么程度要由试验决定。

2．损伤修理极限（可修与不可修的界限）

当缺陷和损伤的尺寸超过了一定的量值，结构件修理难以达到修理标准要求或在经济上已不合算，只能报废更换结构件。如波音飞机公司规定缺陷或损伤的范围大于结构件面积的 15%时应予报废不可修。F-18 规定蜂窝结构分层大于50mm 直径圆面积、开胶大于 75mm 直径圆面积、层压板分层大于 75mm 直径圆面积时应予报废不可修。

总之，结构的允许损伤极限与损伤修理极限要具体结构具体分析，针对性强，不可盲目照搬。

（三）胶接修理和机械连接修理

胶接修理按固化温度分为室温固化修理和加热固化修理。

室温固化修理是指清除损伤后，进行湿铺贴，然后在室温下固化的修理方法。为了加速固化、减少固化时间和得到较高质量的修理，可以使用适当的加热手段，使修理区的湿铺贴补片层在80℃温度下固化。可以作为永久性修理，但因其恢复原结构的强度和耐久性的能力有限，一般不能用在高应力区、高温工作区和主要结构件。室温固化修理作为临时性修理，有飞行小时数的限制和规定的检查周期，其应用范围在相应机型的结构修理手册中应有详细规定。

复合材料层压板的加热固化修理，按固化温度等级又可分为120℃固化（中温固化）修理、180℃及其以上温度固化（高温固化）修理。它们都是永久性修理的方法，应用范围在相应机型的结构修理手册中应有详细规定。这里要特别强调的一点是，修理材料（预浸料和胶黏剂）应与固化相适应，不同固化温度等级的材料不能在修理中混用。例如，180℃固化的修理材料不得用在120℃固化修理上，因为它们在120℃下固化不完全；120℃固化材料因其性能相对较低，也不能用于180℃固化修理上。

机械连接修理主要指的是螺栓连接修理，如图5-10所示。通过螺栓紧固件将补片连接到损伤区域，以恢复结构的承载能力。补片材料可以是铝、钛或钢，或者预固化的复合材料。在碳纤维母体上用铝补片时，要在其中间铺一层玻璃纤维布，以防止电化学腐蚀。

螺栓连接修理中，可能包含一个外补片或内补片，形成单剪接头，或者包含两个补片（每边一个）形成双剪接头，如图5-10所示。在这两种情况下，载荷都是通过紧固件和补片用剪力传递的，但是，在双补片修理的情况下，载荷传递的偏心为最小。螺栓连接修理的主要缺点是，要在母体结构上钻出新孔，造成应力集中削弱了结构，这就变成了潜在的损伤新起始点。

外部螺栓连接的补片是最容易的修理形式。补片以足够的面积搭接在母体蒙皮上，以便安装足够数量的紧固件来传递载荷。对于大型的修理，补片可以是有台阶的，并可在不同的形式用不同尺寸的紧固件以利于载荷的传递。外补片的厚度可能受到空气动力学考虑的限制，并由于中性轴偏置导致载荷偏心而受限制。然而，因为可以使用盲紧固件，这样可以能够只从一边进行安装，不需要从背面接近。如果不能使用外部补片，则可以使用内部补片。当不能从背面接近时，则将补片剖分从蒙皮的椭圆或圆形开口中将其塞入。在某些情况下，必须把损伤沿主要载荷方向扩大以增加修理的效力。由于硬件原因，内部螺栓连接的补片可能有与骨架元件相互干扰的问题。从载荷传递的观点，同时使用内、外双补片的修理是比较理想，但是，这种修理比较复杂，增重也比较明显。

（四）修理设计和特点

根据层压板的损伤程度、厚度及可实现性，胶接修理胶接接头可设计成四种

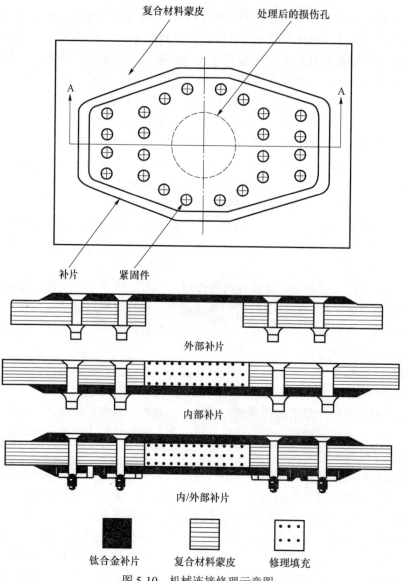

图 5-10　机械连接修理示意图

基本形式：单面搭接、斜面搭接、阶梯搭接和双面斜接，如图 5-11 所示。单面搭接适用于浅表性损伤和薄壁结构的胶接修理，以及紧固件连接修理。斜面搭接和阶梯搭接都是高效率接头形式，理论上适用于任何损伤的修理。在修理实践中，还要根据层压板材质的加工特性灵活选用。层压板结构修理常用的接头形式参见表 5-1。

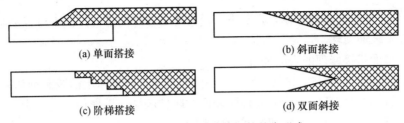

(a) 单面搭接   (b) 斜面搭接

(c) 阶梯搭接   (d) 双面斜接

图 5-11　复合材料胶接修理的基本形式

表 5-1　层压板结构修理常用的接头形式

接头形式	层压结构			
	碳纤维		玻璃纤维	芳纶（Kevlar）
	单向带	织物	织物	织物
单面搭接	√	√	√	√
斜面搭接	√			
阶梯搭接		√	√	√

　　碳纤维单向带层压板结构多用于承受大的应力载荷，斜面搭接和阶梯搭接接头都能满足传递载荷的要求，但因层压板的每个铺层很薄（约为 0.125mm），可能的加工层数较多（十几层或几十层），采用手工打磨或镂铣的方法制备阶梯，费时费力，质量没有保证，而制备斜面就容易得多。芳纶织物层压板的层与层之间容易区分和剥离，采用阶梯搭接修理效果最好。使用预浸料修理时，尽可能选用与被修理构件相同的修理材料，如碳纤维复合材料修理碳纤维构件；尽可能采用对称铺层。阶梯式修理每阶不多于 2 层铺层，每个台阶长度最小为 5mm，一般取 10mm 或 12mm，表面至少要有一层将所有台阶覆盖，表面覆盖层一般为 ±45°铺层。

　　修理工艺的加热过程不应引起结构修理部位应力集中或材料性能退化等，对于分步加热固化修理，一般加热不应超过 5 次。

　　复合材料结构修理具有明显不同于金属结构修理的特点。一是损伤切断的纤维主要靠补片（贴补或挖补）来恢复纤维的连续承载能力。纤维是复合材料承载的主体，损伤切断的纤维，修理不可能将其重新接上。损伤应靠外搭接补片贴补或补片楔形斜削对接挖补，来恢复纤维的连续承载能力。这是复合材料修理与金属修理本质区别的主要之处。二是补片品种多。补片有金属钛板、铝板、层压板、预浸料板等。三是补片采用机械连接固定，必须在结构设计规定允许时方可采纳。复合材料对孔应力集中敏感，损伤区周边制孔（一般为直径 6mm 的孔）有时会引起结构承载能力下降或新的损伤。四是补片固化或二次固化或胶接等工艺需要配套辅助材料和相关修理设备。五是修理所用树脂、预浸料等修补材料要求有一定储运条件、使用期和储存期。六是设计没有考虑修理的部位，决不可轻易维修。

（五）表面处理

1）单面搭接修理的表面处理

如果有临时性修理，先将其除去。清除残留在修理区域上的胶黏剂和密封剂，注意不要扩大损伤范围。除去修理区表面的防护漆层，根据相关文件规定的程序对损伤进行判定。将损伤区切割成为适当的尺寸和形状，必须去掉所有的破损的材料和松动的铺层。用真空吸尘器清洁修理区后，分别用 180 号和 360 号砂纸打磨修理区，最后用溶剂清洁修理区。

2）斜面搭接修理的表面处理

如果有临时性修理，先将其除去。清除残留在修理区上的胶黏剂和密封剂，注意不要扩大损伤范围，除去修理区表面的防护涂层。根据相关文件规定的程序对损伤进行判定，在部件上画出损伤区的切断轮廓线，并以此线为基准，结合损伤的深度，画出修理打磨区的轮廓线，搭接接头的长厚比应符合相关文件的要求。典型的长厚比为 20:1。严格的加工方法是，使用手提式气动靠模铣，从损伤切割轮廓线及最深损伤层开始，向修理区打磨轮廓线逐层铣切出 2.5mm 宽的同心阶梯（因为 2.5mm 是碳纤维单向带单层名义厚度 0.125mm 的 20 倍），待一个一个台阶铣出来后，再用砂纸打磨，得到光滑的斜面。为简化烦琐的铣切过程，可间隔加工 3～4 个台阶，然后用打磨机配小圆砂盘打磨出层次较均匀的光滑斜面。用真空吸尘器清洁修理区后，分别用 180 号和 360 号砂纸打磨修理区，最后用溶剂清洁修理区。从载荷传递的角度看，斜面连接更加有效，因为母体材料和补片的中性轴很接近，从而减少了载荷偏心。但是，这种连接形式也存在很多缺点。首先，为保持小的斜面坡度，必须去除大量的完好材料；其次，必须非常精确地铺设替换的铺层，并将其铺设在修理连接区域内；再次，如果不是在热压罐内进行胶接修理的固化，更换铺层的固化可能导致强度的下降；最后，胶黏剂可能流到连接的底部，形成不均匀的胶层。以一系列小的台阶来近似这种斜面可能缓解这些问题。由于上述原因，除非构件是轻微承载的情况，否则通常只是在修理机构内进行这类修理。此时，如果再能够把构件拆下装入热压罐内，修理可能达到原来构件的同样强度。

3）阶梯搭接修理的表面处理

如果有临时性修理，先将其除去。清除残留在修理区上的胶黏剂和密封剂，注意不要扩大损伤范围，除去修理区表面的防护涂层。根据相关文件规定的程序对损伤进行判定，在部件上画出损伤区的切割轮廓线，并以此线为基准，一台阶宽 12mm，画出要切除的各层的切割轮廓线。碳纤维织物层压板的层与层之间较难区分，打磨过程中要随时观察各层布纹的变化，气动铣和小圆盘打磨机都是适用的工具。芳纶（Kevlar）织物层压板不能用铣切打磨的方法加工，应该戴上干净的细纱手套，用裁纸刀、铲刀和钳子等工具操作，方法是：由大到小，逐层进行剥离。首先沿切割线切断最上面的铺层，注意切刀的力度，不允许损坏它下面的另一层，用铲刀和钳子撬起并剥掉要去除的部分，保留下来的铺层边缘部分不允许有分层和脱胶。玻璃纤维织物层压板的加工特性介于碳纤维层压板和芳纶纤维层压板之间，铣切、打磨和剥离三种方法都可以使用。加工好的修理区用真空吸尘器清洁，分别用 180 号和 360 号砂纸打磨修理区(芳纶板可不打磨或只用 360 号砂纸轻微磨一遍)，最后用溶剂清洁修理区。

（六）其他常见损伤的修理方法和工艺

复合材料缺陷/损伤修理方法见表 5-2。

表 5-2　复合材料缺陷/损伤修理方法

修理类型	修理方法	适用范围
非补片修理	树脂注射法	孔隙、小的分层、小的脱胶等
	混合物注射法	小的凹陷、蜂窝蒙皮的损伤、蜂窝芯子的损伤
	热处理法	除湿、干燥、去除蜂窝结构中的潮气
	表面涂层法	密封、恢复表面保护层
	抽钉法	层压板内部的分层
补片修理	胶接贴补法	可以修理 16 层的蒙皮，适用于外场修理
	螺接贴补法	可以修理 50～100 层厚、损伤直径 100mm 的蒙皮，适用于外场修理（临时性修理）
	胶接挖补法	可以修理 16～100 层厚、损伤直径 100mm 的蒙皮，不适用于外场修理

1. 紧固件连接修理

紧固件连接修理如图 5-12 所示。

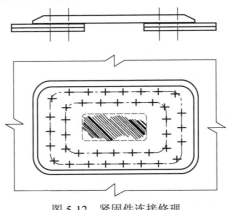

图 5-12　紧固件连接修理

修理材料：补强板、密封剂（XM59 或 HMA103）和紧固件（拉铆铆钉或螺钉、螺母和垫片）。

修理工艺：

（1）确定修理区域并进行表面处理。

（2）制备补强片。

（3）按具体规范配制密封剂。

（4）在修理区表面和补强片胶接表面上均匀涂抹一层密封剂，其用量应足够填满补片与修理表面、紧固件与复合材料之间的间隙，将补强片置于修理区，并用紧固件固定，擦去多余的密封剂，在室温下固化。

（5）用溶剂清洁修理区。

（6）恢复结构表面。

2．用室温固化胶黏剂修理细小损伤

用室温固化胶黏剂永久性修理蒙皮损伤如图 5-13 所示。

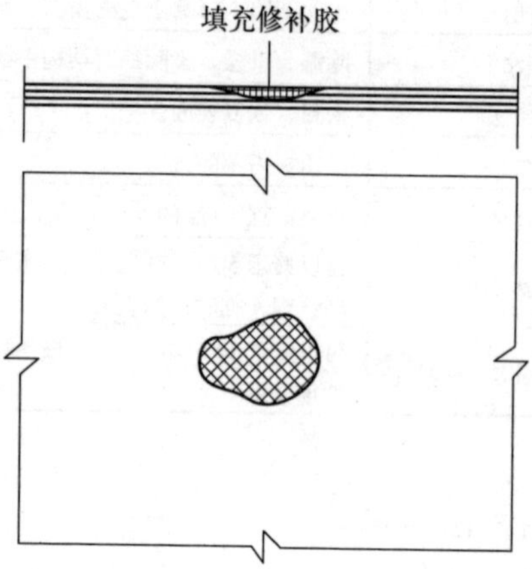

注意：最大深度参见相应文件规定的允许的损伤。

图 5-13　用室温固化胶黏剂永久性修理蒙皮损伤

发生于层压板表面的浅表性损伤如划痕、擦伤、刮伤和边缘缺损等，一般只造成表面几个铺层的破损，当尺寸在一定范围内时，通常用室温固化胶糊填平，进行修饰性修理。

修理材料：双组分环氧类糊状胶黏剂，或由环氧树脂加适量的固化剂和填料配制的混合剂。

修理工艺：

（1）确定修理区域并进行表面处理。

（2）水膜连续试验。

（3）干燥修理区。

（4）按具体规范配制胶黏剂。

（5）将配好的胶黏剂填于缺损区，按规范要求固化。

（6）将修理区打磨至原有的外形。

（7）用溶剂清洁修理区，并恢复表面的防护涂层。

3．用附加补强层贴补修理细小损伤（参见图5-1）

损伤尺寸更深更长时，除用胶黏剂填平外，还需湿铺贴附加补强层进行局部加强。湿铺贴修理材料为高强玻璃织物或碳纤维织物浸渍低黏度环氧树脂胶黏剂。

修理工艺参见本项目任务工艺步骤。

4．挖补修理

对于损伤较严重，部件有气动外形要求时，应采用挖补修理方法（图5-14），湿铺贴修理就是常用到的一种方法。

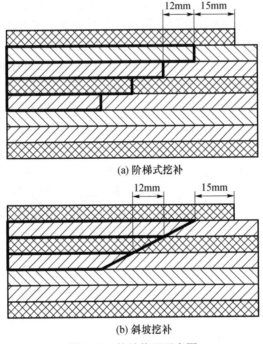

(a) 阶梯式挖补

(b) 斜坡挖补

图 5-14　挖补修理示意图

工艺步骤：

（1）确定修理区域并进行表面处理。

（2）水膜连续试验。

（3）干燥修理区。

（4）按具体规范配制层压树脂。

（5）准备湿铺贴层。

（6）按规定的方向和层数将修补层铺放在修理区。

（7）放置真空袋和加热设备（红外灯、电热毯或热风枪及控温设备）。

（8）真空压力下按规定的温度和时间固化。

（9）拆除加热设备和真空袋。

（10）检查修理质量，应符合相关文件的要求。

（11）恢复表面漆层。

（七）复合材料的无损检测方法

复合材料在制造过程中的主要缺陷有气孔、分层、疏松、越层裂纹、界面分离、夹杂、树脂固化不良、钻孔损伤。在使用过程中的主要损伤有疲劳损伤和环境损伤。损伤的形式有脱胶、分层、基体龟裂、空隙增长、纤维断裂、皱褶变形、腐蚀坑、划伤、下陷、烧伤等。和金属材料类似，复合材料的各种缺陷或损伤也可以采用无损检测的方法及早发现。目前主要的无损检测方法有以下几种。

1．超声检测技术

超声波是指频率不小于 20kHz 的声波，其波长与材料内部缺陷的尺寸相匹配。根据超声波在材料内部缺陷区域和正常区域的反射、衰减与共振的差异来确定缺陷的位置与大小。超声波检测主要分为脉冲反射法、穿透法和反射板法，根据不同的缺陷来选择合适的检测方法。

超声波不仅能检测复合材料构件中的分层、孔隙、裂纹和夹杂物等，而且在判断材料的疏密、密度、纤维取向、屈曲、弹性模量、厚度等特性和几何形状等方面的变化也有一定作用。对于一般小而薄、结构简单的平面层压板及曲率不大的构件，宜采用水浸式反射板法。对于小或稍厚的复杂结构件，无法采用水浸式反射板法时，可采用水浸或喷水脉冲反射法和接触延迟式脉冲反射法。对于大型结构和生产型的复合材料构件的检测，宜采用喷水穿透法或喷水脉冲反射法。由于复合材料组织结构具有明显的各向异性，而且性能的离散性较大，因而，产生缺陷的机理复杂且变化多样，再加上复合材料构件的声衰减大，由此引起的噪声与缺陷反射信号的信噪比低，不易分辨，所以检测时应选合适的方法。

超声检测技术，特别是超声 C 扫描，由于显示直观、检测速度快，已成为飞行器零件等大型复合材料构件普遍采用的检测技术。通过采用计算机技术控制超声波探头的移动位置，控制超声波探伤仪（或数据采集卡）经探头发射超声波信号，并在超声波信号经过检测工件后被自身（或别的）探头接收，超声波探伤仪（及数据采集卡）将获得的信号进行处理，由计算机进行检测结果的显示、记录、存储，在计算机显示屏上显示整个检测区域有无缺陷情况、缺陷大小和位置。

ICI Fiberite 公司采用九轴 C 扫描对蜂窝泡沫夹芯等复杂结构的复合材料构件进行无损检测。麦道公司专为曲面构件设计的第五代自动超声扫描系统，可在九个轴向运动，并能同时保证脉冲振荡器与工件表面垂直。该系统可完成二维和三维数据采集，确定大型复杂构件内的缺陷尺寸。由波音民用飞机集团等单位组成的研究小组用超声波研究复合材料机身层压板结构的冲击强度和冲击后的剩余强度，结果表明，超声波不仅可检测损伤，而且能确定损伤对复合材料构件承载能力的影响。Dows 公司先进的复合材料实验室用超声波确定了各种损伤参数（深度、形状、面积、直径以及分层频率等）与有机纤维复合材料压缩强度的关系。为适应复合材料制造过程的在线监控，还研制了脉冲激光超声波检测系统。该系统已成功用于复合材料固化过程的远距离非接触在线检测监控，包括温度分布、固—液态界面、微观结构、再生相（疏松、夹杂物）及黏流—黏滞特性的检测。

2007 年，亚洲最大的复合材料生产基地在哈尔滨建成，随着该基地的建成，一批先进的超声检测设备也投入使用，其中包括英国超声波科学有限公司（USL）生产的超声波 C 扫描喷水复合材料检测系统。喷水 C 扫描复合材料检测系统依然是现在大部分飞机复合材料生产厂主要的检测手段，同时使用多轴运动控制系统，可以检测曲面工件及形状复杂的复合材料工件。

GE 公司推出了便携式相控阵探伤仪 PhasorXS，使相控阵检测技术在无损检测中得到很大的推广，已在航空复合材料检测、汽轮机叶片（根部）检测、涡轮圆盘的检测、石油天然气管道焊缝检测、火车轮轴检测、核电站检测等领域得到广泛运用。相控阵探伤仪能够通过图像的形式直观地显示缺陷，并通过线性 B 扫描图或扇形图显示一定区域范围内的缺陷，有利于对缺陷的评判。从应用效果来看，应用便携式相控阵探伤仪检测复合材料能极大地提高检测效率，提高检测准确性，节省检测成本。

2．传感器检测技术

1）光纤传感器测试技术

与传统的传感器相比，光纤应变传感器具有一系列的优点，如稳定性好、可靠性高、精度高、抗电磁干扰、结构简单、便于与光纤传输系统形成遥测网络而且不会破坏复合材料自身的完整性。因此，可以将其埋入或者贴在复合材料结构内，实现对复合材料结构长期和在线的实时检测。

南京航空航天大学飞行器系的研究人员基于埋设在复合材料层板中的多方位多模光纤网络的特点，提出了检测层板内部发生多处横向冲击损伤的重构算法。根据光纤损伤图像检测系统获得的图像信号，可实时、定量、直观重构并显示出层板内部各处损伤的位置和各处的损伤程度。

2）压电传感器复合材料脱层检测

基于压电元件的在线检测方法是把压电元件使用环氧树脂或其他黏合剂直接贴到被测结构的表面或埋入层状结构。国外的 Swann、Cynthia 等研究人员研究了优化的压电传感器复合材料脱层检测。其研究表明，传感器的最佳位置是一个检测损伤复合材料结构的关键问题。其目的是利用最低数量的传感器，放置在正确的位置，以便从确定的传感器收到的电压信号来发现存在的缺陷和受损程度。用统计模型，在板块中损伤分布的概率就能够确定。基于压电阵列，国内研究人员李刚、石利华等研究了兰姆波检测技术。

3）液晶图像检测法

该方法利用液晶随温度变化而变色的原理来进行检查，用抽真空将液晶薄膜紧贴在蜂窝结构下方外表蒙皮上（靠近水的一方），再用加热器对液晶薄膜加温，有水的部位热量被水吸收，升温慢，无水的部位升温快，使得液晶薄膜上呈现与含水区域变化相对应的液晶图像。该检测方法除需要液晶薄膜外，还需真空袋、抽真空皮球及耦合剂等辅助材料，操作较复杂，且检测图像不能保存。Khatibi、Akbar Afaghi 等研究人员研究了液晶热传感在复合材料分层无损检测中的应用。在这项研究中，热变色液晶用于无损检测主要是基于液晶的热色性，也就是在一定的温度范围内，随着温度的变化液晶的颜色发生相应的改变。先在试件表面粘贴液晶薄膜或者喷涂一薄层液晶溶液，然后对测试试件局部加热。由于缺陷的存在，热量在试件内传递时表面会出现温度分布的不均匀，根据液晶颜色变化的奇异性可以非常方便地发现有无缺陷及缺陷的形状、位置等信息。在裂纹尖端处由于疲劳应变会释放热量，因此，该方法还可以用于跟踪监测疲劳裂纹的扩展情况。对于蜂窝结构进水的检测，可以将热变色液晶薄膜粘贴在蜂窝结构下方蒙皮上（靠近水的一侧），在对液晶薄膜加热，有水的部位热量会被水吸收，升温慢，无水的部位升温快，不同的温度则会导致液晶薄膜颜色变化的不同，进而确定进水的区域。敏感的液态晶体产生温度梯度，用于检测复合材料脱层标本，对组成材料和脱层大小/地点的影响进行调查。热变色液晶薄膜变色的结果与从红外热像得到的结果比较，最后，对新方法的优点/缺点进行了讨论。在这项研究基础上得出结论，薄层热变色液晶传感器法可作为一种廉价的非破坏性检验复合材料结构试验方法。

3．涡流检测法

该方法可用于检查碳纤维/环氧树脂复合材料表面、次表面的裂纹和纤维损伤。由于随着纤维编织排列花样和环氧树脂配比不同，材料电导率有差异，检测涡流碳纤维/环氧树脂的空间相关位置不同，电导率也不同。因而每块碳纤维/环氧树脂复合材料都有其涡流场特性，直接影响涡流检测的检测灵敏度。上述特点决定了碳纤维环氧树脂复合材料的涡流检测不同于均质的金属材料。

4. 敲击检测法

这是最常用的一类复合材料结构无损检测方法，最早是利用硬币、尼龙棒、小锤等物敲击蒙皮表面，仔细辨听声音差异来查找缺陷。在此基础上发展起来的智能敲击检测法是利用声振检测原理，通过数字敲击锤激励被检件产生机械振动，测量被检件振动的特征来判定胶接构件的缺陷及测量胶接强度等，可用于蜂窝夹芯结构检测、复合材料层压板检测、胶接强度检测等。

5. 红外热成像技术

任何物体，只要其温度高于绝对零度，都会从表面发出与温度有关的热辐射能。红外热成像检测的基本原理是利用被检物体的不连续性缺陷对热传导性能的影响，在物体表面的局部区域产生温度梯度，导致物体表面红外辐射能力发生差异，根据这种差异即可推断物体内部是否存在缺陷。检测方法分两种：

一是有源红外检测法，又称主动红外检测法。它利用外部热源向被检测工件注入热量，再借助设备测得工件表面各处热辐射分布来判断缺陷。

二是无源红外检测法，又称被动红外检测法。其特征是利用工件本身热辐射进行测量，无须任何外加热源。此检测法具有非接触、实时、高效、直观的特点。

6. 声发射检测技术

声发射（AE）又称应力波发射，是指物体在受力作用下产生变形、断裂或内部应力超过屈服强度而进入不可逆的塑性变形，以瞬态弹性波形式释放应变能的现象。随着声发射研究领域的扩大，声发射的含义也已广义化，如泄漏、轴承的滑动、钻井过程和木材干燥时发出的声音等也被称为 AE。

声发射作为一种检测技术起步于 20 世纪 50 年代的德国。20 世纪 60 年代该技术在美国原子能和宇航技术中迅速兴起，并首次应用于玻璃钢固体发动机壳体检测。20 世纪 70 年代，该技术在日本、欧洲及我国相继得到发展，但因当时的技术和经验所限，仅获得有限的应用。20 世纪 80 年代开始获得较为正确的评价，引起许多发达国家的重视，在理论研究、实验研究和工业应用方面应用广泛，取得了相当大的进展。

声发射理论和技术研究主要围绕声发射源识别和评价两个问题，内容概括为：①不同声发射源模式或物理机制的理论与实验研究。②声发射波在固体材料中的传播理论。③声发射信号与材料微观力学特性和断裂特性之间的关系。④研制多参量、多功能、高速度和实时分析的数字式新型声发射检测分析仪。⑤声发射信号处理（如利用人工神经网络技术对声发射源特性进行模式识别、模糊综合评价）的新理论、新方法。⑥声发射检测/监测、评价的新方法及标准。⑦声发射含义的广义化，即扩展新的研究和应用领域。⑧声发射技术用于结构完整性评价的经济和可靠性分析等。声发射检测已应用于航空、航天、石油、化工、铁路、汽车、建筑和电力等许多领域，是一种重要的无损检测技术，它与常规无损检测技术相比有两个基本特点，其一是对动态缺陷敏感，在缺陷萌生和扩展过程中能实时发现。其二是声发射波来自缺陷本身而非外部，可以得到有关缺陷的丰富信息，检测灵敏度与分辨力高。与其他无损检测技术相比，其优点是：①可获得关于缺陷的动态信息，并据此评价缺陷的实际危害程度及结构的完整性和预期使用寿命。②对大型构件，无须移动传感器进行烦琐的扫描操作，只要布置好足够数量的传感器，经一次加载或试验即可大面积检测缺陷的位置和监视缺陷的活动情况，操作简便、省时省工。③可提供随载荷、时间和温度等外部变量而变化的实时瞬态或连续信号，适用于过程监控以及早期或临近破坏的预报。④对被检工件的接近要求不高，因而适用于其他无损检测方法难以或无法接近（如高低温、核辐射、易燃、易爆和极毒等）环境下的检测。⑤对构件的几何形状不敏感，适用于其他方法不能检测的复杂形状构件。适用范围广，几乎所有材料在变形和断裂时均产生声发射。

7．X射线检测法

X射线无损探伤是检测复合材料损伤的常用方法。目前常用的是胶片照相法，它是检查复合材料中孔隙和夹杂物等体积型缺陷的优良方法，对增强剂分布不均也有一定的检出能力，因此是一种不可缺少的检测手段。该方法检测分层缺陷很困难，一般只有当裂纹平面与射线束大致平行时方能检出，所以该法通常只能检测与试样表面垂直的裂纹，可与超声反射法互补。随着计算机技术的飞速发展，X射线实时成像检测技术应运而生，开始应用于结构的无损探伤。其原理可用两个转换来概述，即X射线穿透材料后被图像增强器接收，图像增强器把不可见的X射线检测信息转换为可视图像，称为光电转换。就信息的性质而言，可视图像是模拟量，不能为计算机所识别，如要输入计算机进行处理，需将模拟量转换为数字量，进行模/数转换，再经计算机处理将可视图像转换为数字图像。其方法是用高清晰度电视摄像机摄取可视图像，输入计算机，转换为数字图像，经计算机处理后，在显示器屏幕上显示出材料内部的缺陷性质、大小和位置等信息，按照有关标准对检测结果进行缺陷等级评定，从而达到检测的目的。数字图像的质量可以与X射线照相底片相媲美。X射线实时成像无论在检测效率、经济性、表现力、远程传送和方便实用等方面都比照相底片更胜一筹，因而具有良好的发展前景。

8．计算机层析照相检测法

计算机层析照相（CT）应用于复合材料研究已有十多年历史。这项工作的开展首先利用的是医用CT扫描装置，由于复合材料和非金属材料元素组成与人体相近，医用CT非常适于检测其内部非微观（相对于电子显微镜及金相分析）缺陷及测量密度分布，但医用CT不适合检测大尺寸、高密度（如金属）物体，因此，20世纪80年代初，美国ARACOR公司率先研制出用于检测大型固体火箭发动机和小型精密铸件的工业CT。其特点是空间分辨力和密度分辨力高（通常<0.5%）、检测动态范围大、成像的尺寸精度高，可实现直观的三维图像，在足够的穿透能量下试件几何结构不受限制。其局限性表现为检测效率低、检测成本高、双侧透射成像（相对于反射式CT），不适于平面薄板构件及大型构件的现场检测。

CT主要用于检测下列缺陷或损伤。检测非微观缺陷（裂纹、夹杂物、气孔和分层等）；测量密度分布（材料均匀性、复合材料微气孔含量）；精确测量内部结构尺寸（如发动机叶片壁厚）；检测装配结构和多余物；三维成像与CAD/CAM等制造技术结合而形成的所谓反馈工程。

9. 微波检测技术

微波无损检测技术始于20世纪60年代，作为一种新的检测技术正日益受到重视。微波是一种高频电磁波，其特点是波长短（1～1000mm）、频率高（300MHz～300GHz）、频带宽。微波无损检测的基本原理是综合利用微波与物质的相互作用，一方面，微波在不连续面产生反射、散射和透射。另一方面，微波还能与被检材料产生相互作用，此时微波均会受到材料中的电磁参数和几何参数的影响，通过测量微波信号基本参数的改变，即可达到检测材料内部缺陷的目的。

微波在复合材料中的穿透力强、衰减小，因此适于复合材料无损检测。它可以克服一般检测方法的不足，如超声波在复合材料中衰减大，难以穿透，较难检验其内部缺陷。X射线法对平面型缺陷的射线能量变化小，底片对比度低，因此检测困难。微波对复合材料制品中难以避免的气孔、疏孔、树脂开裂、分层和脱粘等缺陷有较好的敏感性。

据报道，美国在20世纪60年代就采用微波进行无损检测，后来又利用毫米微波段对大型导弹固体火箭发动机玻璃钢壳体内的缺陷和喷管内部质量进行检测，其工作频率从最初的10GHz提高到目前的300GHz以上。

10. 声—超声检测法

声—超声（Acoustic-Ultrasonic，AU）技术，又称应力波因子（Stress Wave Factor，SWF）技术。与通常的无损检测方法不同，AU技术主要用于检测和研究材料中分布的细微缺陷群及其对结构力学性能（强度或刚度）的整体影响，属于材料完整性评估技术。

AU技术的基本原理为，采用压电换能器或激光照射等手段在材料（复合材料或各向同性材料）表面激发脉冲应力波，应力波在内部与材料的微结构（包括纤维增强层压板中的纤维基体，各种内在的或外部环境作用产生的缺陷和损伤区）相互作用，并经过界面的多次反射与波型转换后到达置于结构同一或另一表面的接收传感器（压电传感器或激光干涉仪），然后对接收到的波形信号进行分析，提取一个能反映材料（结构）力学性能（强度和刚度）的参量，称为应力波因子。

AU 的基本思想是应力波的传播效率更有效，即提取的 SWF 数值越大，相当于材料（结构）的强度、刚度和断裂韧度更高，或材料内损伤更少。

AU 技术在石墨—环氧单向板的冲击损伤测试中曾有很好的 SWF 与冲击次数的关联关系。

表 5-3 列出了常见无损检测方法的适用范围及特点。

表 5-3　无损检测方法的适用范围及特点

方　　法	适用范围	优　　点	缺　　点
超声波法	内部缺陷（疏松、分层、夹杂、孔隙、裂纹）检测、厚度测量和材料性能表征	易于操作、快速、可靠、灵敏度高、精确度高，可精确确定缺陷的位置与分布	须经专门培训，需要耦合剂，不同缺陷要使用不同的探头
X射线法	表面裂纹、孔隙、夹杂物特别是金属夹杂物、贫胶、纤维断裂	灵敏度高，可提供图像、进行灵活的实时监测，可检测整体结构	对人体有害，操作者必须经过专门培训，需要图像处理设备
计算机层析照相法	裂纹、夹杂、气孔、分层、密度分布	空间分辨率高，检测动态范围大、成像尺寸精度高，可实现直观三维图像	检测效率低，成本高，双侧透射成像，不适用于平面薄板以及大型构件的现场检测
声—超声法	细微缺陷群（孔隙、基体裂纹、纤维断裂、富胶、固化不足等）	适于材料完整性评估	因损伤产生的信号和噪声较难区分
声发射法	加载过程中产生的各种损伤及损伤扩展	能检测缺陷和损伤等的动态状态，只需要接受传感器	因损伤产生的信号和噪声较难区分
红外热成像法	较薄的复合材料检测	提供全场图像	要求工作表面有较好的热吸收效率
微波法	较大的物理缺陷，如脱胶、分层、裂纹、孔隙等	操作简单、直观、可自动显示、无须预处理	仅适用于较大的缺陷检测
目视法	表面裂纹与损伤	快速、简单成本低	人为因素大
敲击法	分层、孔隙、脱胶等	快速、简单成本低	人为因素大

（八）质量检验方法

1. 修理后的检测和跟踪检测

由于复合材料结构在修理时，所能供选用的工作条件、环境条件和工艺、材料等都与制造阶段有明显不同，而修理过程又通常需要在外场或服役现场进行和完成。因此，其修理质量能否达到预期的技术要求，除了在修理材料和修理工艺等方面进行主观保证外，还必须采用有效的无损检测技术和手段对修理后的损伤区进行重点检测和质量评定，并进行跟踪检测。

2. 修理无损检测的基本要求

无损检测是评定修理质量的重要手段和技术环节，因此，对所选用的修理无损检测方法和手段必须合理、可行。

（1）选择合理可靠的无损检测方法，检测和确定损伤修理区域。

（2）当需要清理或除去损伤区时，必须选择正确的无损检测方法和检测参数，确保清理干净。

（3）在制定修理工艺时，必须选择合理的无损检测方法对工艺试验件进行质量无损检测，分析选择合理的修理检测工艺。

（4）对所选择的无损检测方法应进行可检性试验和验证分析。

（5）对所选用的无损检测仪器、设备应按有关技术文件要求进行定期校准、检修和检定。

（6）在修理检测中，应在检测前、检测过程中和检测结束后进行仪器状态和参数复检和复验。

（7）制备必要的检测辅助工具，保证检测的有效实施和检测的可靠性。

（8）制定和建立修理检测工艺文件和操作文件。

（9）做好修理检测记录和归档。

（10）对修理检测用仪器、传感器和标准试件等进行定期审定、检定和测试，保证其完好性。

（11）从事修理检测的人员必须具有相应的技术资格和一定的检测经验。

思　考　题

1．外场修理中，机械连接修理如何实施？可能会遇到什么问题？如何应对？

2．根据项目经验，给出外场原位实施胶接修理进行表面处理时必须注意的问题有哪些？

3．打磨处理层压板时，怎样避免伤及下层纤维？如何判断纤维层的分布？有什么方法可以很好地清除打磨产生的粉尘？

4．总结复合材料补片铺层设计的一般原则。

5．根据拉伸测试结果，分析修理工艺、铺层设计与修理效果之间的关系？

6．总结项目完成过程中，你遇到的问题及应对方法。

项目六　金属损伤结构的复合材料胶接修理

一、项目任务

采用复合材料胶接修理破孔损伤铝合金板材,恢复损伤结构一定的承载能力,并通过拉伸试验测试修理后损伤结构的承载能力。掌握复合材料胶接贴补修理金属损伤结构的工艺,能够进行相关的性能分析。

二、任务分析

(一)方法

采用湿铺法胶接修理金属损伤结构。利用万能材料试验机测试损伤结构修理前后的承载能力。

(二)工艺分析

胶接修理中十分关键的一步就是胶接区域的表面处理。如果胶接区域存在油污等污染物,胶接的强度就会大大下降,而且胶接修理很容易失效。因此,胶接修理中表面处理工艺必须清除胶接区域的油污等不利于胶接强度的污染物,同时还要提高树脂在胶接区域表面的浸润,利于其在表面的铺展。同时,还可以通过喷砂、机械打磨等方法增大接触面积,进而提高胶接强度。

复合材料补片可以是预先固化好的复合材料层压板,其优点是补片制作容易,层压板内质量高,但是对于曲率较大的结构难以实施,也可以采用预浸料加胶膜,铺层后共固化完成。这样形状适应性好,而且也比较方便,但是,预浸料的储存比较麻烦,成本也比较高。此外,采用湿铺法可以很好地适应各种复杂形状,成本相对较低,但是涂胶湿铺过程对工艺要求较高。可以根据修理现场的实际情况选择不同的方法,并确定相应的工艺。本项目就是要采用湿铺法进行修理。

选择纤维类型时除了考虑强度之外,还要考虑到腐蚀的问题。由于碳纤维导电,因此,如果选择碳纤维作为增强体,必须要保证碳纤维和金属结构之间的隔离绝缘。可以采用一层玻璃纤维将它们隔开。

裁剪玻璃布前,应先用丙酮将裁剪样板、钢板尺、剪刀和手工刀等裁剪工具擦拭干净,然后,用锋利的剪刀或手工刀按照所要求的纤维方向将纤维布裁剪成一定的形状和尺寸。

铺设纤维时,应当注意不要使纤维受到弯折、撕裂等损伤或使纤维的排列方向产生偏差。铺贴时，应仔细按照所要求的纤维方向，并尽可能避免裹入空气。用压辊滚压使其与修理表面或前一层铺层完全贴合。

树脂和固化剂一旦混合均匀后，必须尽快涂抹在修理区域内或用于浸渍增强织物，而且应确保在其使用活性期内给胶层或层压板施加真空压力，使其在真空压力下进行固化。固化时间取决于室温，室温比较低时，如在冬季，固化所需的时间较长，室温较高时，如在夏季，则固化所需的时间较短。如条件允许，可加热固化，以缩短固化时间。

所有层压板都应当在加热和加压的条件下进行固化。在修理作业中，压力通常是通过抽真空而施加的负压，有些情况下，也可以采用夹具等工具施加机械压力。

在加热之前，需要先抽真空检查真空袋的密封是否完好，如有漏气现象应立即排除。只有当真空度达到–0.08MPa 以上时，才能开始加热进行固化。

在整个固化过程中，必须认真记录温度和真空压力。除非另有说明，固化结束后必须待温度降低至 50℃ 以下时，方可卸掉真空压力。

胶接修理完成后，在层压树脂或胶黏剂固化之前，应及时用溶剂将搅拌棒、配胶容器及其他工具设备清洗擦拭干净。

三、工艺步骤

（一）材料和仪器

环氧树脂、聚酰胺 650、活性稀释剂、偶联剂、丙酮、脱脂棉、镊子、电子天平、容器、烘箱、真空泵、玻璃纤维织物、直径滚、刮板、隔离膜、砂纸、剪刀、抹布。

（二）工艺步骤

（1）确定修理区域。

（2）用丙酮清洗损伤结构修理区域表面的油污。

（3）用砂纸打磨修理区域，清除表面的氧化物等。

（4）用丙酮清洗打磨后的表面。

（5）进行表面烘干，并使丙酮完全挥发。

（6）涂偶联剂，并晾置一定时间，使偶联剂形成转化膜。

（7）配制修理用的树脂。

（8）根据损伤情况和修理设计，裁剪纤维织物。

（9）根据项目二中的湿铺工艺，在修理区域制备复合材料补片，直接胶接在损伤结构上。

（10）固化。

（11）检查修理质量，进行修整。

（12）进行拉伸性能测试。包括未损伤结构、损伤未修理结构和胶接修理后的结构。

（13）分析复合材料胶接修理金属损伤结构的效率。

四、专业知识

复合材料补片通过胶黏剂和损伤金属结构连接起来，当损伤结构受到外载荷作用时，结构载荷通过胶层传递到复合材料补片上，分担部分结构载荷，从而使损伤结构的承载能力得以恢复，起到修理的作用。在 20 世纪 70 年代初，澳大利亚皇家空军航空研究院的 A.A.Baker 等人率先提出了采用复合材料补片的方式修理飞机的损伤金属结构。他们采用的方法就是将已经固化的、半固化的或未固化的复合材料预浸料，剪切为适当大小的补片，使用胶黏剂，采用胶接方法将补片贴补于损伤金属构件的损伤区，对损伤区域进行局部补强，改善损伤区的应力分布情况，以求将修理后的损伤结构的力学性能恢复到未损伤之前。这种修理方法相比于传统的修理方法，主要有以下优点：

一是结构增重小。复合材料的比强度、比刚度、比模量均较高，在修理时，达到相同的修理效果所需要的补片质量极小，可以大大减小结构质量。二是可设计性强。复合材料可以按照载荷分布状况，依据结构特点进行更好的优化设计。实施整体性设计，减小结构质量，降低成本，节省时间。三是良好的抗疲劳性。复合材料中存在明显的相和界面，这些相和界面能够明显减缓和阻止裂纹的扩展，在具有明显的疲劳损伤的情况下，仍然具有足够的强度和寿命。四是良好的抗震性能。复合材料具有层面结构，有的更是具有孔状结构，具有良好的抗震性能。五是修补后没有明显的应力集中区域。胶接修补技术在损伤区域不破孔，没有附加的损伤，较传统的修理方法可以明显减少应力集中现象。六是良好的抗腐蚀性。复合材料具有良好的抗腐蚀性能，与金属结构进行连接后也不会发生电化学腐蚀。七是制造工艺简单而且易于大面积整体成型。复合材料既可以是一种材料，也可以是一种结构。依靠这种便于成型的特点，可以大大降低制造成本，节省修理时间。同时利用这种良好的可设计性，可以更好地实现结构修补的最优化设计。八是适用范围广。复合材料修补主要靠的是胶接，所以能够不受到结构种类和几何形状的限制。无论损伤区域是厚是薄，是硬是软，是大是小，都可以进行胶接修理。

复合材料补片胶接修复技术也存在一些不足之处：

（1）现场修复温度场较难控制。胶接修复通常需要热源和压力源，以保证胶黏剂在一定的温度和压力条件下胶接固化，获得好的修复效果。由于金属结构传热快，较难在修复区域保持一个局部的恒定温度场，给现场使用带来困难。

（2）修复结构存在残余热应力。复合材料补片与金属结构件的热膨胀系数相差较大，在高温固化后冷却到室温时，单面修复结构中将产生残余热应力，这种残余热应力会对修复效果产生不利影响。

（3）采用碳/环氧补片胶接修复铝合金结构时，两者之间易发生电化学反应，应采取有效的防范措施。

（4）在补片设计方面，缺乏足够的实验数据，尤其是在疲劳载荷作用下的实验数据很少。

（5）补片增强材料如碳纤维和硼纤维等，受国产性能低和批量生产困难及国外进口困难和价格昂贵等限制，来源较少。

复合材料贴补胶接修理金属损伤结构通常分为单面胶接和双面胶接修理两种形式，分别如图 6-1 和图 6-2 所示。图 6-1 中的单面胶接修理，由于结构形状的不对称，会引起偏心载荷，进而产生弯矩，影响胶接修理的效果。但是，单面胶接修理更加便于操作，简单易行，特别适合于结构可达性不好或者拆卸不方便的结构损伤修理。这种修理形式将会更加适合于未来战场的飞机战伤抢修。

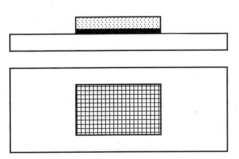

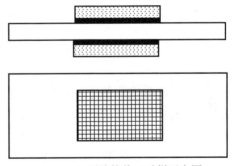

图 6-1 单面胶接修理试样示意图　　　图 6-2 双面胶接修理试样示意图

（一）关键技术

针对复合材料补片胶接修理技术而言，胶黏剂、补片材料、被修理结构的表面处理和修理固化工艺及施工工艺保障是其几项关键技术。

1. 胶黏剂

选择胶黏剂，不应片面追求胶的高剪切强度，应考虑胶的综合性能。所选用的胶黏剂应该具有良好的抗疲劳性能，具有较高的剪切、剥离强度，以及良好的耐介质和耐湿热老化性能；对各种金属和非金属均有优良的胶接强度，使用工艺简便。

同时，胶黏剂应与补片的固化温度尽量匹配，以产生良好的胶接效果。尽管高温固化胶黏剂的胶接强度较高，但会使铝合金的疲劳强度下降（由于铝合金加热至 120℃以上，开始出现晶界腐蚀倾向，并随温度升高而加剧），同时使金属结构与复合材料补片之间因热膨胀系数不同而产生内应力，进而影响胶接的整体强度，降低修理的耐久性。因此，修理中应尽量避免使用固化温度超过 130℃的胶黏剂，同时在这种温度下的固化时间不应超过 4h。但也应注意那些较低温度下（包括常温）固化的胶黏剂，它们当中有的耐热有限，只能在 80℃以下使用；在用于受气动加热的结构修理时，满足不了飞行速度较快的歼击机、强击机的使用要求。

2．复合材料补片

补片材料一般应具备以下特性：在尽量低的使用温度下固化并能与胶黏剂的固化温度相匹配；热膨胀系数应在连接零件的范围内，补片受温度影响应尽量小。硼/环氧补片在国外的修理实践中应用较多，而在国内的一些修理实践中碳/环氧补片及玻璃/环氧补片应用较多。

3．被修理结构的表面处理

在胶接之前，通过物理和化学方法对被修理材料表面进行恰当的预处理将显著提高修理的胶接强度和耐久性。

对金属结构表面进行预处理的作用在于净化表面，去除不利于胶接的物质；通过机械方法除去结构表面陈旧的和结合力不强的氧化层、污染物，增加机械结合面。通过化学方法在结构表面有控制地沉积一层均匀的特种氧化物或在胶接面形成化学键，使经过处理的结构表面具有高的表面能，从而获得较高的胶接强度与耐久性。

常用的净化表面的方法有溶剂清洗、蒸汽脱脂等。常用的物理处理方法有机械打磨、喷砂等。常用的化学处理方法有无槽化学氧化及涂硅烷偶联剂等。应根据被修理部位的实际情况合理选择适用于现场施工、不产生二次腐蚀的表面处理方法。图 6-3 是偶联剂处理示意图。

检验表面处理效果的一个简单的方法就是水膜连续试验。把洁净的不起毛的布用去离子水打湿，轻轻擦过处理区域，使其表面上形成一层薄膜（在水不会进入制件结构内部时，可将水喷在处理表面），查看润湿的表面。当水在整个表面形成一个完整的膜，而且 30s 内不分离，或聚集成水滴，则说明表面是洁净的。如果不是这样，必须重新清洁表面，再次进行水膜连续试验。试验后，用洁净的干布及时擦干表面的水分，并进行干燥程序。

水膜连续试验只是一个简单的判断表面处理情况的方法，并不能真正表明表面是完全洁净的。水膜连续试验完成后，应防止处理区域被污染，例如，要戴白色棉质手套进行操作，并且尽快完成胶接修理工作。

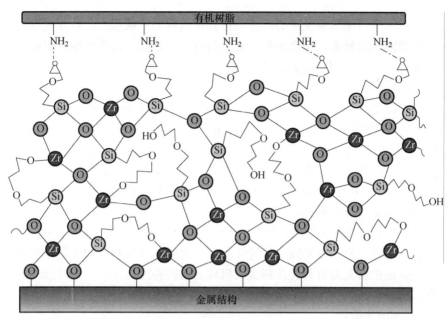

图 6-3　偶联剂处理示意图

4．修理固化工艺及施工工艺保障

修理固化的主要控制因素是压力、温度和时间。应根据补片与胶黏剂的性质及修理现场所能提供的施工条件综合制定固化压力、温度和时间，以期使复合材料补片在具有较好力学性能的同时又具有较高的胶接强度，保证胶接的质量。由于被修理部位与周围机体结构组成了一个庞大的热导体，而且结构形式多样，因此，需通过专用修理设备、配套材料及特配工具对修理区提供连续的温度和压力保障。

（二）基于耐久性的设计原则

合理的细节设计关系到复合材料补片胶接修理的耐久性。

1．控制设计应力水平

通过静强度设计的应力计算来选择补片的几何参数，至少保证胶接结构中补片所受的应力水平与原结构损伤部位的一致，并注意补片分担的载荷不应超过胶黏剂的传载能力。

通过补片的铺层设计，选择恰当的补片与被修理结构的刚度比，尽量降低损伤结构的应力强度因子、应力集中系数和补片边缘的剪应力峰值，在恢复结构承载能力的同时保证具有良好的耐久性。

2．避免或减小偏心

单面胶接易使胶接修理的结构产生偏心，在胶层中产生垂直于胶接面的拉伸应力，使应力峰值超过名义应力，降低被修理结构的承载能力。补片过厚既不利于保持结构的气动外形，又会使补片边缘的剪应力过高而遭受破坏，因此应该尽量避免偏心或将其减少到最小。

3．降低应力集中

补片边缘的刚度变化应平缓，避免边缘结构刚度突变而在胶层中产生应力集中，导致该部位胶层提前破坏。因此补片边缘应尽量设计成具有一定斜度的形状。

4．合理布置补片

为保证修理效率，可在修理中采用单向纤维层板；在受载复杂的部位可根据需要适当增加 90°和±45°铺层。在结构外形复杂的部位可以采用织物作为补片，通过合理剪裁来保证顺利铺贴。

5．修理后采取适当的防护措施

湿热、腐蚀介质、紫外线照射等环境会加速胶黏剂与补片的老化，降低胶接性能。因此应根据复合材料补片和金属机体的材料特点与使用特点对修理区进行密封和表面防护。

6．控制胶接质量

利用复合材料补片对损伤结构的胶接修理应严格遵循有关工艺规程来进行。复合材料预固化补片或预浸带不允许出现纤维、基体的拉伸、剪切破坏或纤维破断。通过无损检测手段检查胶接质量，不允许出现可检测出的缺陷；还应在修理后的使用中实施检查与监测，建立信息反馈渠道以评价修理效果或改进设计。

思　考　题

1．原位清洗胶接区域时，如何避免溶剂流淌？应如何保证表面清洗干净？工艺步骤有哪些？

2．复合材料和金属材料的热膨胀性能是不同的，当环境温度变化时，复合材料补片和金属结构之间会不会因为热膨胀性能不同而产生应力，是否会对修理产生不利影响？如何应对？

3．单面贴补和双面贴补修理主要区别是什么？哪种方法更适合于外场条件下的修理？

4．复合材料胶接修理时，复合材料补片边缘的胶瘤（补片边缘多出的树脂）对修理效果有什么影响？需不需要清除？

5．总结你在项目完成过程中遇到的问题及应对的方法。

胶接修理前铝合金板表面处理视频

金属损伤结构的复合材料胶接修理视频

真空袋系统的铺放视频

项目七　蜂窝夹芯结构的制备

一、项目任务

制备蜂窝夹芯结构，具体尺寸如图 7-1 所示。掌握蜂窝夹芯结构的基本制备工艺，熟悉其性能特点和应用。

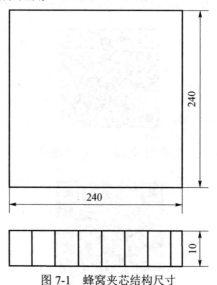

图 7-1　蜂窝夹芯结构尺寸

二、工艺分析

（一）制备方法

蜂窝夹芯结构的构成如图 7-2 所示，包括上、下面板（蒙皮）和蜂窝夹芯（又称蜂窝芯、芯子）三部分，整体结构的连接方式为胶接。因此，简单地讲，制备蜂窝夹芯结构就是将上述三部分胶接起来。在进行结构修理的时候，蜂窝夹芯通常是提前制备好的成品。当然，也可以根据需要进行自行制备。蜂窝夹芯目前主要包括纸（芳纶纸）蜂窝、玻璃纤维蜂窝和铝蜂窝。上、下面板可以是层压板或金属（铝合金等）板。对于层压板而言，可以是固化好的，也可以现场进行湿铺。总体而言，可以分为干法和湿法两种。本次任务采用湿法。

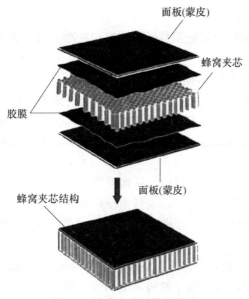

图 7-2　蜂窝夹芯结构的构成

（二）工艺分析

调配树脂或胶黏剂时应尽量减少挥发成分，以避免加热固化过程中挥发成分过多，引起分层或脱粘。

蜂窝夹芯结构胶接固化，一是为避免蜂窝夹芯内部空气或胶黏剂中的挥发成分受热膨胀，引起面板和蜂窝夹芯之间脱粘；二是为增加胶接强度，要求施加一定的固化压力，一般为 200kPa。但是，压力不可过大，以免损伤蜂窝夹芯。

实际经验表明蜂窝夹芯结构一旦有水分浸入蜂窝芯格，就难以排出。水分使胶黏剂性能退化，水分蒸发时体积膨胀会引起面板与蜂窝夹芯脱胶分离、面板起泡，造成频繁维修等耐久性问题（而蜂窝夹芯结构修理困难），因此，制备过程中要注意防潮密封。

三、工艺步骤

（一）材料和工具

环氧树脂、聚酰胺 650、丙酮、镊子、电子天平、容器、烘箱、真空泵、玻璃纤维织物、直径滚、蜂窝夹芯、刮板、隔离膜、真空袋、砂纸、剪刀、脱脂棉、抹布、金属板。

（二）工艺步骤

（1）取一块干净、光滑的工具板。注意：工具板上的任何缺陷或不规则形状都将显示在固化层压板上。

（2）用 25mm 宽的胶带把工具板固定好。在准备封边胶带时，保持干净，无任何脱模剂。

（3）在工具板表面直接涂上脱模剂。

（4）按照层压板湿铺工艺，把浸润好的玻璃纤维布铺在工具板上。

（5）把第一层玻璃纤维布放在工具板中心，确保光滑、无皱纹、未变形。

（6）把此后各层玻璃纤维布直接放在第一层上，对齐边缘，确保纤维方向正确。

（7）用直径滚去除气泡和皱褶，压实铺层。

（8）芯材放置在铺层之上，边缘与预浸料对齐。

（9）上部层压板以同样的方式铺在芯材上。同样，用直径滚去除气泡和皱褶，保证压实平整。

（10）在层压板上放置隔离膜。这层膜至少每侧突出层压板 80～100mm，既不影响挥发成分挥发，又能包住树脂。

（11）围绕层压板边缘放置支撑物，防止芯材在真空和压力下破损。支撑物应放置在剥离膜上，这样才不会粘住层压板。此处使用 12mm 左右的金属条（扁材）。

（12）在层压板上放置平整的隔板（均压板），与工具板一样，此板应既干净又光滑。

（13）把 4～6 层的透气材料放置在顶部，以保证芯材固化的空气流通，挥发物挥发。

（14）取下工具板边缘的胶带。

（15）更换为密封条，去除密封条隔膜。

（16）在密封条上部插入热电偶，必须剥除热电偶护套与密封条的接触处的防护套，以防止漏气。在热电偶上放置密封条，以确保完全密封。

（17）把真空袋材料放在组件上，真空袋应足够大，可以装下组件。

（18）把真空袋材料向下按在密封条上，以确保密封良好。

（19）检查确认无泄漏后，打开真空泵，连接真空管。抽气至 17kPa，并保持20～30min。不可超过此界限限制，高真空可能会使层压板在蜂窝单元上出现微凹。在抽气之前必须检查泄漏。

（20）开始加热固化，按照一定的程序执行。

（21）清除真空袋、透气层和隔离膜。

（22）蜂窝夹芯层压板制件完成成型后，进行质量检验。

四、专业知识

（一）蜂窝夹芯结构的特点

蜂窝夹芯结构质量小，具有比较大的弯曲刚度及强度，在飞机结构上应用广泛。对于结构高度大的翼面结构，蒙皮壁板（尤其是上翼面壁板）采用蜂窝夹芯结构取代加筋板能明显减小质量；对于结构高度小的翼面结构（尤其是操纵面），采用全高度蜂窝夹芯结构代替梁肋式结构有明显的减重效果。以复合材料层压板为面板的夹芯结构，考虑材料的相容性，目前普遍采用 Nomex 蜂窝夹芯。

蜂窝夹芯结构具有下列特点：

（1）具有大的弯曲刚度/质量比及弯曲强度/质量比。

（2）具有良好的吸声、隔声和隔热性能。

（3）具有大的临界屈曲载荷。

（4）对湿热环境敏感，设计时要防潮密封。

（5）面板薄时对低能冲击敏感。

（6）修补较困难。

通过合理设计可使蜂窝夹芯充分发挥优点、克服缺点。

蜂窝夹芯结构的破坏模式多种多样。可能的破坏模式有：轴压总体失稳，面板拉伸破坏或压缩局部失稳、窝间失稳，芯子局部塌陷、剪切皱折或剪切破坏，面板与芯子脱胶分离，以及这些破坏模式的组合破坏等。

从结构上看，如图 7-3 所示，蜂窝夹芯结构类似于二维的"工字梁"形状。上、下蒙皮可承受弯曲时的压缩和拉伸载荷。蜂窝芯材类似于"工字形"梁二维的网状结构，可承受剪切载荷，使面板保持几何形状。这可给予面板连续可靠的支撑，从而提高结构的刚度。蜂窝夹芯结构梁的总挠度是由弯曲应力和剪切应力引起的挠度的总和，如图 7-4 所示。弯曲挠度与蒙皮材料的模量有关，剪切挠度与芯材的剪切模量有关。因此，跨度较大时，蜂窝夹芯结构梁弯曲会更多作用于上、下面板的压缩和扩展变形；跨度较小时，蜂窝夹芯结构梁弯曲会作用于芯材的变形。

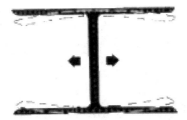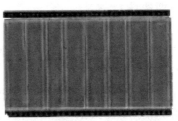

图 7-3　蜂窝夹芯结构承载示意图

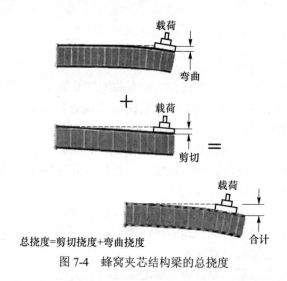

总挠度=剪切挠度+弯曲挠度

图 7-4　蜂窝夹芯结构梁的总挠度

（二）蜂窝夹芯结构的设计及材料选择

1. 设计要求

蜂窝夹芯结构的设计应符合一定载荷下基本结构的设计要求。

面板（蒙皮）应足够厚，蜂窝芯格尺寸应足够小，以承受载荷施加的拉伸和压缩应力，防止发生格内面板失稳。

芯材必须有足够的强度，以承受剪切应力。

芯材层压板应有足够的弯曲和剪切刚度，以防止载荷产生过大的挠度。

芯材必须有足够的抗压强度，以防止面板垂直方向的设计载荷被破坏。

芯材必须足够厚，有足够的强度、足够的硬度，以防止蜂窝夹芯结构在边缘受压时发生整体弯曲、剪切卷边、面板起皱和结构单元间凹陷。

应尽量避免蜂窝夹芯结构承受垂直于平面方向的局部集中载荷，以防止局部芯子压塌或拉脱。当集中载荷不可避免时，应采取结构措施，将传到芯子的载荷分散到其他承力构件上去。

胶接强度必须足够大，以承受载荷施加的平面拉伸和剪切应力。

2. 材料选择

1）环境

① 温度。二次胶接温度应远低于胶黏剂的玻璃化转变温度，二次胶接温度不应引起材料性能退化。

② 湿度。材料应具有良好抗潮性能。

③ 特殊使用。考虑某些蜂窝夹芯结构应具有阻燃、消声、抗冲击及导热等特性。例如，Nomex 蜂窝可自熄阻燃；消声蜂窝能有效降低噪声强度；管状芯材抗

冲击性能良好，可用于回收装置。

2）结构强度

① 强度。芯子是各向异性材料，设计时应考虑它本身的强度并确定芯材正确方向，达到最大的结构效率。

② 疲劳。一般来说夹芯结构疲劳性能良好，设计时应注意的是，胶黏剂在环境条件下的疲劳性能及夹芯结构中采用机械连接时造成芯子切口应力集中导致的疲劳性能下降。

③ 刚度。大多数芯子剪切模量低，对于端面厚的夹芯结构，剪切变形大于弯曲变形，必须考虑芯子模量对变形的影响。

3）胶黏剂的特性

胶黏剂应具有良好的综合性能，尤其应具有优异的剥离强度及疲劳性能，它的抗拉、抗剪强度应远大于芯子相对应的强度。

4）材料相容性

夹芯结构所用材料应有良好的相容性，它包括配套胶黏剂类型的相容性，板芯胶与面板、芯子的相容性，泡沫胶与芯材和镶嵌件的相容性。在设计选材时应对材料相容性仔细考虑，必要时应进行相容性试验。针对复合材料面板情况，芯材最好选用非金属材料，如 Nomex 蜂窝。

5）成本

考虑成本应选择成本低且工艺性良好的材料，结构有效性及经济性应综合考虑。

3．原材料

1）芯子材料

芯子一般有铝蜂窝、玻璃纤维蜂窝及芳纶纸蜂窝（Nomex 蜂窝）。芯子形状有正六边形、长方形等，一般采用正六边形。

Nomex 蜂窝是常用的非金属材料蜂窝，它的模量比同密度的铝蜂窝低很多，强度比铝蜂窝略低，但它有良好的韧性及抗损伤能力，且具有一种特别性能，即使用中局部超载也不易产生永久损伤。

选材时应考虑不同芯材性能，通过选用不同材料及不同密度的芯子能提供不同的强度、刚度。对于某些特殊构件，要考虑芯子的电性能、导热性能、阻燃、防毒和防烟雾等性能。

在一定的密度下，Nomex 蜂窝的剪切强度均超过硬质泡沫和轻木，与铝蜂窝和玻纤蜂窝接近。Nomex 蜂窝的剪切模量和轻木接近，但是远大于硬质泡沫。由于 Nomex 蜂窝的密度低于轻木，故需要考虑减重时，Nomex 蜂窝通常是首选。铝蜂窝结构的剪切模量大约是 Nomex 蜂窝的 6 倍，然而，挠度范围较大时，并不会引起挠度发生显著变化；挠度范围较小时，铝蜂窝面板的挠度会略微降低，但韧性会显著降低。

2）胶黏剂

夹芯结构中的胶黏剂分为三类：板芯胶、芯与骨架元件（如梁肋）粘接胶及芯子与芯子拼接胶。由于使用位置与要求不同，它们是不同类型的胶黏剂，其中板芯胶最为重要。下面介绍板芯胶要求。

面板与芯子之间的胶黏剂跟一般板-板胶是有所区别的，有特殊要求。设计者必须对其特性有所了解，以免制造中出现麻烦。选用或研制板芯胶时要注意下列问题：

（1）含挥发份胶黏剂在固化过程中会产生挥发份，建议选用挥发份不大于1%的胶黏剂，挥发份可能产生下列影响：

① 产生内压，引起局部地区脱胶或产生气孔。

② 由于固化过程中产生气体，可能使芯子裂开或使芯格变形，有时开胶长度达到100～200mm，导致夹芯结构报废。

③ 某些胶黏剂在固化过程中会产生水分，对芯子及胶黏剂本身产生腐蚀或降低性能。

（2）固化压力。大部分芯子不能承受过大的固化压力（如超过几个大气压），但为了增加胶接强度，仍要求一定的胶接压力（约2个大气压）。固化压力是胶接的重要参数，选用胶黏剂时应充分注意并通过一定的工艺试验。

（3）胶黏剂选用。胶黏剂应使芯子与面板在贴合处形成胶瘤，即所谓"填角成型"的能力，以获得足够的胶接强度。

（4）适应性。由于芯子加工较难控制外形容差，所以所选用胶黏剂应有良好的"间隙填充"性能而无须附加的强度补偿。

（5）韧性要求胶黏剂本身强度远大于芯子对应的强度，因此，对板芯胶强度的要求主要是它的韧性指标。胶接夹芯结构的韧性是指在静或动载下，胶接抵抗板芯剥离的能力，剥离强度直接反映了胶接的韧性，是夹芯结构设计中必须测量的一个参数。剥离强度跟下列因素有关：

① 胶黏剂本身的韧性。

② 胶黏剂用量多少。

③ 芯子密度。

④ 芯格尺寸。

⑤ 剥离方向（L向与W向不同）。

⑥ 胶接前的表面处理方法及处理质量。

⑦ 胶接后胶接界面层的变化。

由于上述因素不同，剥离强度变化很大，比较时要求有相同参数，一般要求胶接韧性提供的耐久性大于结构的使用寿命。

（6）耐环境（湿热）性能及良好的老化性能。

（7）板芯胶应与配套胶及相关的面板材料具有良好的相容性。

（三）蜂窝夹芯结构制备

蜂窝夹芯结构制备技术分湿法和干法两种。

干法成型。此法是先将蜂窝夹芯和面板做好，然后再将它们胶接成夹芯结构。为了保证芯材和面板牢固胶接，常在面板上铺一层薄毡（浸过胶），铺上蜂窝，加热加压，使之固化成一体。这种方法制造的夹芯结构，蜂芯和面板的胶接强度可提高到 3MPa 以上。干法成型的优点主要是产品表面光滑、平整，能及时检查生产过程中每道工序，产品质量容易保证，缺点是生产周期长。

湿法成型。此法是面板和蜂窝夹芯均处于未固化状态，在模具上一次胶接成型。生产时，先在模具上制好上、下面板，然后将蜂窝条浸胶拉开，放到上、下面板之间，加压（0.01～0.08MPa）、固化，脱模后修整成产品。湿法成型的优点是蜂窝和面板间胶接强度高，生产周期短，最适合于球面、壳体等异形结构产品的生产。其缺点是产品表面质量差，生产过程较难控制。

蜂窝夹芯结构的成型方式见表 7-1。

表 7-1　蜂窝夹芯结构成型方式

成型方法	过程	特点	适用范围
共固化	未固化的上、下面板，蜂窝夹芯和胶膜按顺序组合在一起，面板固化与蜂窝夹芯的胶接一次成型	一次成型，制造周期短，制造成本低；芯子与面板胶接强度高；受蜂窝夹芯抗压强度限制，成型的面板表面质量差，力学性能较差；生产过程较难控制，单个零件超差将导致整体零件报废	平板或型面简单的制件
二次胶接	上、下面板及骨架零件预先固化成型；再与蜂窝夹芯、胶膜等材料组合胶接	二次成型，制造周期增长，制造成本增加；面板表面、内部质量好；蜂窝夹芯材、梁肋与面板胶接面精确配合控制难度较大	舵面类全高度蜂窝夹芯结构及对上、下面板质量要求高的零件
胶接共固化	一侧面板先固化成型；再与蜂窝夹芯及另一面板进行胶接共固化成型	二次成型，制造周期增长，制造成本增加；预先固化的面板表面和内部质量好	形状复杂的制件或对单侧面板质量要求高的零件
分步固化	一侧面板先固化成型；再与蜂窝夹芯胶接固化后，铺叠另一侧面板；最后固化成型	三次成型，制造周期长，制造成本高；预先固化的面板表面和内部质量好	内部无骨架或骨架较少，形状非常复杂的零件

思 考 题

1. 你所在单位的飞机结构中哪些部位采用了蜂窝夹芯结构？分析为什么这些地方采用了这种结构。

2. 对自己制备的蜂窝夹芯结构进行加载，分析面板和蜂窝夹芯的受力特点。

3. 湿法制备蜂窝夹芯结构的过程中如果出现了面板和蜂窝夹芯的分层，如何处理？

4. 总结你在项目完成过程中遇到的问题及应对的方法。

项目八　蜂窝夹芯结构的损伤修理

一、任务

蜂窝夹芯结构非穿透损伤，也就是蜂窝夹芯结构的一侧蒙皮及蜂窝夹芯损伤，需要修理蒙皮面板并切除受损的蜂窝夹芯，更换新的蜂窝。损伤的尺寸为直径 20mm 的破孔。

二、任务分析

（一）方法

更换受损的蜂窝夹芯，修复面板层压板，采用湿铺共固化的方法。

（二）工艺分析

损伤部位处理。包括表面漆层、面板层压板及受损蜂窝夹芯的处理。漆层的处理一般采用机械打磨的方式，用砂纸（布）或气动工具进行打磨。面板层压板的打磨可以采用斜面或阶梯形加工，需要选择较小的斜面角度，一般斜面坡度为 1/40～1/10 的厚度—长度比。对蜂窝夹芯一般采取去除、更换的方法。去除蜂窝夹芯可以采用专用的铣刀，也可以采取其他的切除方法。但是要注意，避免损伤周围完好的蜂窝夹芯。

处理之后的损伤区域需要进行清洗处理。可以采用丙酮、酒精、甲乙酮等溶剂进行，必须严格按照溶剂清洗的规范操作，避免溶剂渗入复合材料结构，导致额外的损伤。

安装新的蜂窝夹芯时，要注意新的蜂窝夹芯与周围蜂窝以及面板之间的连接。与周围蜂窝夹芯的连接也可以采用发泡胶或者预制的胶膏连接。与面板的连接可以采用胶膜或胶黏剂连接。损伤面板挖补和原来面板填平后，需要增加 1 到 2 层的附加层，附加层四周要大于修理区域 20mm 左右。

固化可以根据损伤情况分布进行或同时进行。也就是，第一步先固化实现蜂窝夹芯与周围蜂窝夹芯和面板的连接，第二部再固化实现损伤面板的修复固化及其余蜂窝夹芯的连接。或者将上述的两部同时进行。固化的时候，一定要注意加压，避免蜂窝内的空气加热固化过程中体积膨胀，引起面板与蜂窝夹芯之间的分层鼓包。

固化之后，要根据情况进行打磨修整，恢复表面的漆层。

三、工艺步骤

（一）材料和工具

环氧树脂、聚酰胺 650、丙酮、镊子、电子天平、容器、烘箱、真空泵、玻璃纤维织物、直径滚、蜂窝夹芯、刮板、隔离膜、真空袋、砂纸、剪刀、脱脂棉、抹布、气动打磨机、金属板。

（二）工艺步骤

非穿透损伤是指一面蒙皮及蜂窝夹芯的损伤，修补时，需要更换损伤的面板并去掉已损伤的蜂窝夹芯，如图 8-1 所示。具体的修理步骤如下：

（1）检查损伤区域，确定损伤程度。

（2）除去漆层及表面涂层。

（3）除去受损的铺层及蜂窝夹芯。去除受损的蜂窝夹芯时，必须要特别小心，以避免损伤到另一侧完好的复合材料蒙皮内表面。

（4）在修理区域对切口处蒙皮进行斜坡（阶梯）形面加工。

（5）制备替换用蜂窝夹芯。

（6）安装蜂窝夹芯，如果损伤不超过 178mm 直径，则将蜂窝夹芯与修理铺层进行共固化是允许的。

（7）清洗修理区域。

（8）按挖补法中斜面或阶梯修理的要求准备并铺设修理铺层。

（9）铺放真空袋。

（10）进行固化。

（11）打磨修整，完成修理。

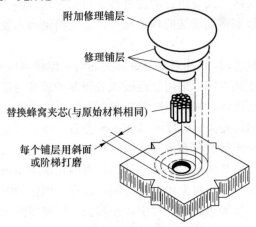

图 8-1　蜂窝夹芯结构损伤修理示意图

四、专业知识

蜂窝夹芯结构是由上、下面板通过胶膜或胶黏剂与蜂窝夹芯相连接的一种结构。由于该结构的面板较薄，和蜂窝夹芯间有明显的胶接界面，所以，在使用中常会发生面板分层（见项目五）、板芯脱胶（图8-2）及面板损伤（见项目五）和蜂窝塌陷（图8-3）、蜂窝夹芯腐蚀（图8-4）等损伤。

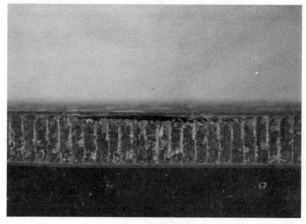

图 8-2 板芯脱胶

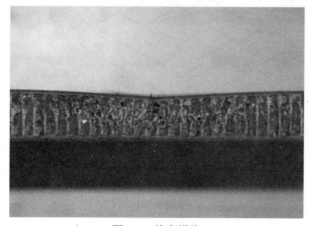

图 8-3 蜂窝塌陷

在实践中，应对不同的结构损伤、不同的损伤程度采用不同的修理方法，下面介绍其他几种常见损伤的典型修理方法及过程。

（一）面板表面压痕或凹坑的修理

对蜂窝夹芯结构中表面面板压痕或凹坑一般采用室温固化的方法，具体过程如下：

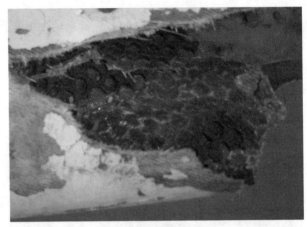

图 8-4　蜂窝夹芯腐蚀

（1）检查损伤区、确定损坏的程度。

（2）清洗修理区域。

（3）用胶带将修理区域标识出来（图 8-5）。

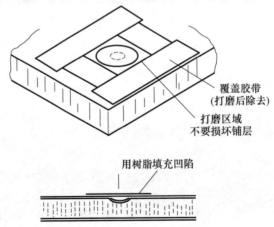

图 8-5　面板表面压痕的修理

（4）用 80 号和 150 号砂纸分次将胶带围起来的区域内的漆层打磨掉，注意不要打磨进纤维。

（5）准备树脂或胶黏剂。

（6）在损伤区域涂上树脂或胶黏剂，再铺放一层隔离布。

（7）按材料的要求，使树脂或胶黏剂固化。

（8）除去隔离布，用 150 号砂纸打磨，使修理区域与部件外形一致，然后用更细的砂纸轻度打磨。

（9）如果需要，恢复表面涂层。

（二）蜂窝夹芯结构中面板与蜂窝夹芯脱胶修理

对于脱胶区域直径不超过 30mm 的小范围脱胶损伤，如果没有内部蜂窝损伤，则可以用下列方法进行修理，如图 8-6 所示。

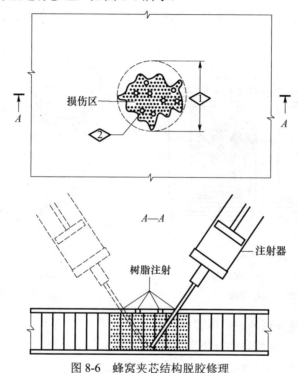

图 8-6　蜂窝夹芯结构脱胶修理

注：◇设计部门给定的最大值；◇直径<0.3mm,孔间距<15mm。

（1）检查损伤区域，确定损伤程度。

（2）在损伤区钻足够数量的孔，孔的直径应稍大于针头直径，钻头材料为硬质合金。

（3）使用红外灯或电吹风机干燥部件，注意温度不能超过 70℃。

（4）准备树脂或胶黏剂（按材料的配制和使用要求进行）。

（5）将配制好的胶液灌入注射器内，再将胶液通过蒙皮上的孔注射到蜂窝夹芯的孔格内。操作时要从不同的方向重复这一操作，以确定蜂窝及注射孔都被注满。

（6）用聚四氟乙烯膜将蒙皮上损伤区表面盖好，然后施加均匀压力。

（7）按材料标准，固化树脂或胶黏剂。

（8）去掉聚四氟乙烯膜。

（9）用150号砂纸打磨修理区域的残留树脂，再用更细的砂纸进行抛光打磨。

（10）按要求恢复表面涂层。

（三）蜂窝夹芯结构中面板分层损伤修理

蜂窝夹芯板结构的面板中发生分层损伤时，可采用抽钉铆接修理，如图8-7所示，也可采用挖补法进行修理，如图8-8所示。注意，在复合材料上钻孔或者打埋头孔时，应使用硬质合金钻头。

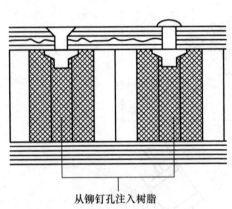

从铆钉孔注入树脂

图 8-7　蜂窝夹芯结构面板分层
损伤修理（抽钉铆接法）

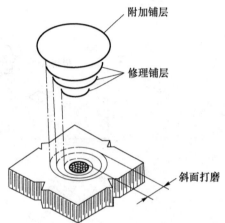

附加铺层

修理铺层

斜面打磨

图 8-8　蜂窝夹芯面板的分层
损伤修理（挖补法）

1．抽钉铆接修理的一般步骤

（1）检查损伤区域，确定损伤程度。

（2）确保结构的厚度足够大，以容纳铆钉。

（3）先确定铆钉孔的位置，然后钻孔，再去毛刺。

（4）如果需要，打出埋头孔。

（5）干燥结构。

（6）准备树脂或胶黏剂（一般为室温固化类）。

（7）将树脂或胶黏剂注入铆钉孔。

（8）装上涂有密封胶的铆钉。

（9）按材料标准、固化树脂或胶黏剂。

（10）如果需要，恢复表面涂层。

2．挖补（胶接）修理过程

（1）检查损伤区域，确定损伤程度，注意要检查水汽及其他污染物。

（2）除去漆层和表面涂层。

（3）除去损坏的（分层的）铺层。

（4）用胶带在损伤区周边粘贴，保护未损伤区域，突出修理区。

（5）在修理区域对铺层边缘进行锥面（阶梯）打磨。

（6）清洗修理区域。

（7）干燥修理区域。

（8）准备并铺设修理铺层（靠蜂窝夹芯一面放胶膜）。

（9）按要求进行固化。

（10）修整修理区、恢复表面涂层。

（四）穿透损伤的蜂窝夹芯结构修理

穿透损伤是指两面蒙皮及蜂窝夹芯都已损伤。对于完全穿透蜂窝夹芯结构的损伤，可采用挖补和贴补的方法。

1．非加衬挖补修理（图 8-9）

（1）检查损伤区，确定损伤程度，注意要检查有无水汽及其污染物。

（2）除去漆层及表面涂层。

（3）要求除去损伤的铺层及蜂窝夹芯。

（4）在修理区域对切口处蒙皮进行斜面（阶梯）加工，当损伤孔直径为 75～100mm 的小损伤时一般用斜接法，当损伤面积较大时则采用阶梯法。

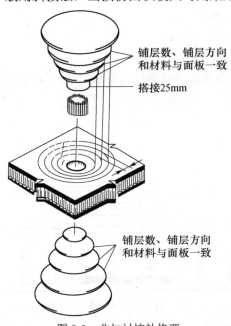

铺层数、铺层方向和材料与面板一致

搭接25mm

铺层数、铺层方向和材料与面板一致

图 8-9　非加衬挖补修理

（5）制备替换用蜂窝夹芯。

（6）安装蜂窝夹芯，此时不要抽真空并固化蜂窝夹芯。

（7）按挖补法中斜面或阶梯修理的要求，为其中一面蒙皮准备并铺设修理铺层，可能需要一块均压板来保持蜂窝夹芯的位置。

（8）铺放真空袋。

（9）进行固化，注意确保壁板两个面板上的温度大致相等。

（10）打磨蜂窝夹芯，使之与周围材料平齐。

（11）按挖补法中修理的要求，为双面蒙皮准备并铺设修理铺层。

（12）铺放真空袋。

（13）进行固化。

（14）完成修理。

2．加衬修理（图 8-10）

（1）检查损伤区，确定损伤程度。

（2）除去漆层及表面涂层。

（3）除去损伤的铺层及蜂窝夹芯（下面板开孔尺寸小于上面板）。

（4）对上面板切口蒙皮进行斜面（阶梯）加工。

（5）制备替换用蜂窝夹芯。

（6）按设计要求制备下面板垫片（复合材料板），并上、下面打磨。

（7）将垫片与下面板胶接。

（8）将蜂窝夹芯与垫片胶接。

（9）打磨蜂窝夹芯，使之与周围材料平齐。

（10）按挖补法中斜面或阶梯修理的要求，铺放胶膜及预浸料。

（11）铺放真空袋。

（12）进行固化。

（13）完成修理。

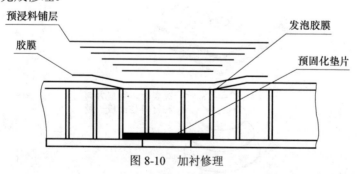

图 8-10　加衬修理

3．贴补修理

在蜂窝夹芯结构的面板（上、下表面）粘贴补片（图 8-11）。其修理过程如下：

（1）确定损伤区域及程度。

（2）除去漆层及表面涂层。

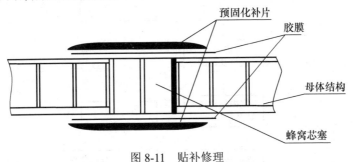

图 8-11　贴补修理

（3）除去损伤及蜂窝夹芯。

（4）打磨胶接区的表面。

（5）制备补片并打磨胶接面。

（6）去湿处理。

（7）制备替换用蜂窝夹芯。

（8）蜂窝夹芯周边放置发泡胶。

（9）将补片按正确的位置和方向安放于修补件之上。注意，在板—板区贴板—板胶膜、板—芯区贴板—芯胶膜。

（10）用压敏胶带固定补片。

（11）铺放真空袋。

（12）进行固化。

（13）完成修理。

（五）一般的修理流程

1．一般结构件的修理流程图

当发现飞机结构上存在损伤时，应根据受损结构件的结构特点、受力状况及危及飞行安全的严重程度，进行损伤容限和剩余强度分析，然后再确定具体的修理方案，制定相应的修理工艺流程。图 8-12 给出了一般结构损伤的修理流程。

2．复合材料结构损伤修理工艺中的几道典型工序

复合材料结构损伤的修理过程可能因结构、材料、环境的不同而存在一定的差别，目前尚没有一个统一的标准。图 8-13 给出了结构损伤修理的基本工艺过程。

下面介绍的是各种不同修理方法中一些共性的而且较为关键的修理工序。

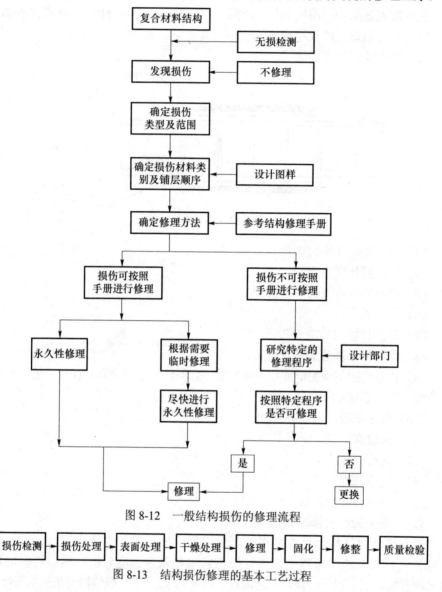

图 8-12　一般结构损伤的修理流程

损伤检测 → 损伤处理 → 表面处理 → 干燥处理 → 修理 → 固化 → 修整 → 质量检验

图 8-13　结构损伤修理的基本工艺过程

1）损伤的清除

对于任何修理区域彻底并仔细进行准备是至关重要的，正确的表面准备和损伤的清除可使修理达到最大的连接强度和寿命。

对于复合材料结构损伤的清除，通常包含以下操作内容。

（1）清洁修理表面。用吸尘器吸去损伤表面所有的尘屑；用溶剂（丙酮或三氯甲烷）进行清洗（使用无绒干净抹布）；将溶剂擦干，不要让其自然干燥。

（2）贴标示带。用标示带将修理轮廓贴起来，这有利于保护周围未损伤区域及突出修理部位。

（3）除去漆层。除去漆层有利于确定损伤类型、增强胶接力及在螺接接头处恢复摩擦力。可采用如下典型手工打磨方法除去漆层（注意，打磨时必须顺着表面纤维方向进行，以免损伤纤维）：首先用80号和150号砂纸分次打磨、除去超过所要修理区域50mm以内的表面漆层；然后，用吸尘器吸净尘屑，最后用溶剂清洁，并按要求干燥。

（4）损伤区域去湿处理。在修理区域施加一个受控的热源（电吹风、红外灯或电热毯）；在整个修理区域放置密封胶条，并用真空袋将整个区域密封；抽出至少0.05MPa的真空；在60～80℃的温度下进行加热（对厚制件厚度大于2mm和需要加热胶接修理的构件则可升温至120℃），将修理区域干燥至少1h，升温速率不得超过3℃/min；卸除真空袋，继续下面修理程序。

（5）损伤部位的清除。用100～180号或者更细的打磨片将损伤的铺层打磨掉；如果损伤铺层穿透整个层压板，将损坏的蒙皮切除，保持一个给定的带圆角的几何形状。打磨时必须沿着纤维方向，以免折断纤维。较好的手工打磨方法是用240号碳化硅砂纸湿磨，或者用150号的氧化铝砂纸干磨。对于动力打磨方法，推荐使用直径为75mm打磨盘的气动工具，打磨砂纸为100～180号，如图8-14所示。

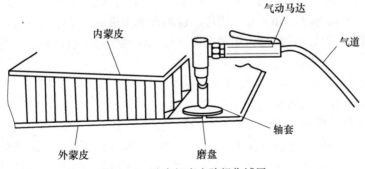

图 8-14　动力打磨去除损伤铺层

通常采用镂铣机除去局部损坏的蜂窝夹芯材料。为了从反面蒙皮上彻底去除蜂窝夹芯材料，通常用一把芯子刀片进行手工切割，如图8-15所示，所除去的蜂窝夹芯面积必须大于可见蜂窝夹芯损伤至少12.5mm。

当蜂窝夹芯被从反面蒙皮的内表面除去以后，仔细将残留的蜂窝夹芯去除。

当进行罐封修理时，不需要除去残留的蜂窝夹芯；检查切口区域，确保所有的损伤都被除去。

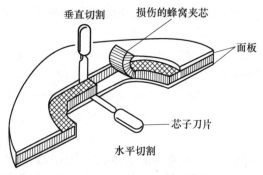

图 8-15　切除损伤的蜂窝夹芯

（6）切口处蒙皮的加工。从表面铺层斜坡形面或阶梯形面加工，直至最内层的损坏铺层（打磨可使用轻便灵巧的小砂轮片、旋转砂轮、砂纸，手工或机械地进行）。一般包括斜坡形面加工和阶梯形面加工两种类型。对于斜坡形面加工，首先确定总的重叠尺寸并做标识，用气动铣（带模板）或小圆盘打磨机，按典型的长厚比 20:1 的斜度，从最深损伤层开始，铣切出一个个一定宽度的同心圆；然后，用小砂轮或手工光滑台阶，得到一光滑斜面；随后，用真空吸尘器清洁修理区；最后，用溶剂清理干净胶接面。对于阶梯形面加工，首先，确定总的重叠尺寸并做标识，用气动铣（带模板）或打磨机从最上面一层开始打磨，形成一系列宽度为 12mm 或 12.5mm 的阶梯，直到损伤最内层；然后，在打磨区域边缘再打磨出一个 12mm 或 12.5mm 宽的周边，以铺设附加铺层，使用 150 号或者更细的砂纸打磨切口的边缘；随后，用吸尘器从修理区域吸除尘屑；最后，用溶剂清洁修理区。

2）补片材料准备与共固化预浸料铺放

这部分工作通常包括以下操作。

（1）补片材料的准备。选择材料厚度、补片尺寸可以与原有的蒙皮尺寸一样，或者大一些；剪切、修整并整形补片，获得所需尺寸和形状；如果需要，则进行边缘倒角（厚度大于 1mm 时，需倒角处理）；用 180 号或更细的砂纸打磨胶接表面，注意：如果没有通用补片或型材，可采用原铺层按材料成型规范在热压罐中成型；干燥补片。

（2）蜂窝夹芯的制备。测量修理区切口的深度及外形尺寸；按比正常测量尺寸稍大一些的尺寸准备蜂窝芯塞，注意：蜂窝夹芯必须与周围的蜂窝夹芯有密切的接触，增加的高度是考虑到固化时的收缩及打磨需要；压缩蜂窝夹芯直径，确保插入以后，蜂窝夹芯芯塞与周围芯格有良好接触，并且使蜂窝夹芯芯塞的芯格方向与原来的一致；干燥蜂窝夹芯芯塞（可用电吹风）。

（3）补强区预浸料的铺放。在环境可控的情况下进行修理操作（参考材料使用的有关条件）；绘制标准铺层样板，如图 8-16 所示；裁剪所需数量的预浸料铺层，要考虑到方向及铺设次序；裁剪一块胶接胶膜，铺设在修理区域之上，要能覆盖整个区域；铺设修理铺层，从最小的一层开始，铺设时铺层的纤维方向要与原始结构一致，周边都要有 12.5mm 的搭接；在铺放好的铺层上面放置一层可剥层织布。

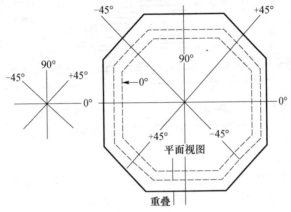

图 8-16　绘制标准铺层样板

3）采用真空袋系统的典型固化程序

真空袋系统铺放如图 8-17 所示。在补片上面放置一层带孔的聚四氟乙烯隔离布，隔离布要超过修理区域边缘至少 50mm；在修理区域边缘放置至少 2 根热电偶，并用压敏胶带固定，注意：热电偶和胶带不要与修理补片接触；放吸胶材料，根据预浸料的含胶量确定吸胶材料的层数；在吸胶层上放一层聚四氟乙烯布或无孔隔离膜，起隔离作用；放置一块均压板（如橡胶板），此板上通常有小孔，以使气流能流向吸气层；当需要采用电热毯作热源时，在部件上放置电热毯并确保电热毯超出需要固化的材料 50mm 以上，在电热毯上放置多层玻璃纤维表面吸气层或透气毡，这将起绝缘作用，并可避免损坏尼龙真空薄膜（如果是热压罐固化，则省略电热毯）；在吸气层周围放置一圈密封腻子，将热电偶导线密封好，以免真空泄漏；用一个合适的真空袋覆盖，尽量减少皱纹，对于凸凹处，要在真空袋上打褶；穿过真空袋上面的切口装两个真空插座，其中一个用来安装真空表，另一个用来接真空源（真空插座必须安装在透气材料之上，但不能与补片接触）；真空插座与真空源相连接，抽真空过程中，用手施加压力来抹平真空袋，检查有无泄漏，需要至少 0.05MPa 的真空（如需要则重新进行密封）；在真空袋上面放置绝缘材料，以避免热量的损失（如果是非热压罐固化）；按修理流程继续下道工序。

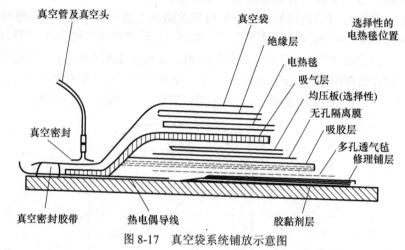

图 8-17　真空袋系统铺放示意图

4）典型固化程序

树脂基复合材料典型的固化过程一般包括升温、保温和降温几个阶段，如图8-18 所示，但对具体的材料，每一阶段会有不同的要求。

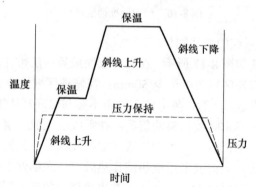

图 8-18　树脂复合材料典型的固化过程

注：——温度；--- 压力。

固化过程中，升、降温速率不得高于 3℃/min；固化温度必须在材料要求的极限固化温度范围内，温度过高或过低会引起原结构的损伤或材料的固化度不够，影响修理质量；固化时间不包括加热到固化温度所需的时间（指达到固化温度后保温的时间）；固化后，制件在降温过程中要保持真空；当修理区域冷却至规定温度以下时，取消真空压力，除去真空袋材料及其他辅助材料。

5）修理后的要求

修理后的检验。对于采用 NDT 设备无损检测方法检验完成的修理，看是否有空隙或胶接缺陷，检查区域必须超过加热区域至少 75mm 以上；如果没有条件进行 NDT 设备无损检测，可用敲击法进行暂时性检查。

修理后的表面喷漆。如果需要，轻轻打磨修理铺层的最表面一层的边缘，以使边缘平滑，注意：不要打磨至结构修理铺层；按照相应结构修理手册关于特定部件的要求，对修理区域表面进行喷漆。

（六）主要修理工具与设备

根据修理性质的不同，复合材料结构修理所需要的修理工具与设备会有所差别，从事外场修理所需要的设备比较简单，主要有修理工具包、修补仪和便携式 NDT 设备等。修理工具主要用于损伤部位的切除、修理胶接面的打磨加工，以及蜂窝芯材和预固化复合材料补片的切割加工和钻孔、定位和铆接等。修补仪用于对部件进行局部加热和施加真空压力进行固化等。NDT 设备则用于对损伤情况的判定与修后质量的检验。

1．切割工具

对于复合材料结构损伤的切割加工（包括切边、损伤区域的切除等），可以使用多种切割工具来完成，这些工具包括金刚石砂轮片、气动铣、开孔器、带锯、镂铣铣头、带模板的镂铣机（图 8-19）及旋转磨头等。

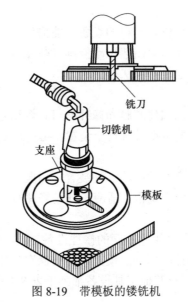

图 8-19　带模板的镂铣机

2．吸尘器

在修理操作时，应使用吸尘器吸走灰尘、纤维及其他碎屑，以避免吸入体内。

3．打磨工具

在胶接修理过程中，打磨是必不可少的工序，常用的工具包括各种规格的砂轮（柱形、锥形等）、砂纸、打磨机、旋转打磨器（图 8-20）等。

4．其他工具

其他工具包括钻孔工具（如锥形钻头——钻孔/扩孔的组合钻头、碳化物钻头、花头钻头等）和修锉工具（如锉刀、铲刀、钩刀、撬刀、锪刀等）。

图 8-20　旋转打磨器

5．热压罐

热压罐是一种用于固化修理材料的设备，能提供固化所需的温度、压力和真空。当材料固化必须有压力时用热压罐修理（热压罐修理费用较高），否则用烘箱或其他设备。因为其他设备无法提供压力。

6．烘箱

有各种尺寸的烘箱用来固化胶膜和修补材料。烘箱是用电加热的，用空气冷却，它应有温度显示。有的烘箱带有真空装置，可提供真空。

7．热补仪

热补仪是带有加热和真空控制的一种装置，树脂的固化过程可由其内部程序控制来完成，它质量轻、便于携带，适应于外场修理时使用，如图 8-21 所示。

8．其他设备

对于不同的修理要求，会用到不同的修理设备，如复合材料微波修复设备（微波修复机），修理大型构件时用到的模具，材料储存时用的冷藏柜，质量检验时用的 NDT 设备等，还有部分其他工具设备都列于表 8-1 中。

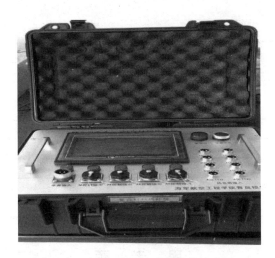

图 8-21　便携式热补仪

表 8-1　复合材料修理常用的工具设备

序号	名　称	用　途
1	热补仪	适用于外场条件的便携式修理设备
2	热压罐	提供修理时需要的热和压力，适合于工厂车间
3	烘箱	干燥及固化，多在实验室用
4	冷藏柜	储存预浸料
5	红外灯	干燥或固化
6	热风枪或电吹风	干燥
7	NDT设备	结构无损检测
8	气钻及钻头	钻孔
9	注射器及针头	注射树脂
10	镂铣机及铣刀	损伤结构处理
11	气动打磨机	去除漆层，打磨
12	砂纸	配合打磨机打磨
13	剪刀	裁剪纤维布、预浸料和隔离膜等
14	钩刀	损伤层处理
15	铲刀	损伤层处理
16	撬刀	损伤层处理
17	孔锯	去除蒙皮及蜂窝夹芯
18	弹簧夹	施加压力
19	"C" 形夹	施加压力
20	刮刀或刮板	刮涂树脂
21	不含蜡容器	混合树脂和固化剂

序号	名　称	用　途
22	天平或其他称量工具	称重
23	吸尘器	除尘
24	口罩	防护
25	护目镜	保护眼睛
26	均压板	均布压力
27	热电偶	测温
28	直径滚或压辊	压实，赶平，除气泡
29	手套	保护手部皮肤

思 考 题

1. 推测蜂窝夹芯结构可能会产生哪些损伤？试分析怎么修理。

2. 给出切除损伤蜂窝夹芯和填充蜂窝夹芯的工艺步骤和注意事项。

3. 根据项目经验，总结可能导致修理失败的因素。

4. 什么情况下容易导致蜂窝夹芯积水？用什么方法检测？应该如何进行修理？

项目九　复合材料加速老化试验

一、项目任务

进一步加深对复合材料老化现象的认识，对老化现象进行分析。

二、任务分析

（一）试验原理

几乎所有的材料在经受自然光、热、氧、潮湿、风沙、微生物等的侵蚀时，都会引起材料表面和内部产生损伤和破坏，且随着时间的延长，甚至使其失去使用价值，这个过程称为老化或风化。复合材料，尤其是树脂基复合材料的老化在某些地区相当严重。为了正确估算复合材料制品的使用寿命，往往采用加速老化的方法。加速有两种方法：一是加大光、氧、潮湿等作用量；二是提高温度。实际上，很多加速老化试验兼有两种加速，用较短时间所测的试验数据推算出较长时间的使用效果。

（二）试验仪器设备

在加速老化试验箱、沸水煮泡、人工气候、湿热老化、盐雾腐蚀等老化试验设备中选其一二。

三、工艺步骤

（1）试样准备。按照项目三制备若干层压板，并按照项目四的尺寸加工拉伸试样。试样的数量 n 按下式计算：

$$n = c \times 5 + m$$

式中，c——总的抽样次数；

m——备用数。

（2）试样干燥后称重，并记录。

（3）取足够的试样，将试样放入煮沸的蒸馏水中，并保持一定时间，一般保持 72h。期间定时取样。如果要测试试样的吸水率，则时间间隔 2h 左右，取出试样后必须将试样表面的水擦拭干净后及时称量，并记录取样时间和重量。

（4）按照试验设计，将达到老化时间的试样取出，放入烘箱中干燥，直至质量不再变化。

（5）按照项目四进行拉伸试验测试。

（6）根据老化时间和拉伸强度作曲线图，分析试样的耐湿热老化性能。

四、专业知识

（一）概述

复合材料老化性能是指其在加工、使用、储存过程中受到光、热、氧、潮湿、水分、机械应力和微生物等因素作用，引起微观结构的破坏，失去原有的物理机械性能，最终丧失使用价值，这种现象通称为老化。

按规范要求，使复合材料经受上述单一或综合环境诸因素的作用，定期检查这些因素对材料宏观性能和微观结构的影响，研究材料的老化特征，评价材料的耐老化能力，从而延长材料的使用期和储存期，这是研究复合材料老化的重要的目的之一。

老化试验方法分两大类：一类是自然老化试验方法，包括大气暴露、加速大气暴露、仓库储存试验方法；另一类是人工老化试验方法，包括人工气候老化、热老化、湿热老化、霉菌试验方法、盐雾试验方法等。

大气暴露试验比较接近材料的实际使用环境，特别对于材料的耐气候性，能得到较可靠的数据，因而受到重视并被普遍采用。世界各发达国家都建立了大规模的暴露试验网和试验场，开展了大量试验工作，并制定了相应的国家标准。我国于 20 世纪 50 年代至 60 年代也开展了大气老化试验的研究工作，并相应地建立了国家标准。

（二）大气老化试验方法要点

1. 试验地点

在我国进行大气老化试验时，要考虑六种不同气候区域：

湿热带：南海诸岛和台湾南部。

亚湿热带：两广、滇、闽及台湾北部。

温带：黄河流域及东北南部。

寒温带：黑龙江及内蒙古、新疆北部。

沙漠：新疆南部（气候特别干燥，风沙大，温差大，太阳辐射量大）。

高原：青海、西藏（海拔 3000m 以上，日温差达 20℃，太阳辐射和紫外光都比其他气候区强烈）。

对于树脂基复合材料，不同气候区对其破坏速度不同，一般均以湿热带、亚湿热带气候区的老化速度最快，长霉的机会最多。我国曾用同一通用型聚酯玻璃钢在哈尔滨、兰州、上海、广州四地做暴露老化试验。三年后，所得数据证明，玻璃钢在上海和广州两地的老化程度现象比在哈尔滨和兰州的严重，其强度保留率要低 15%左右。

暴露场地应选择在一个清洁且能代表被测材料在不同使用条件下的不同气候地点，要求暴露场地的气候环境与当地区气候环境相一致。暴露场地应保持当地自然环境植被状态，以草地为主，草高不宜超过 30cm，如有积雪现象，不要加以破坏。暴露场地允许设在建筑物屋顶平台上，但必须在报告中说明平台所用的材料。

2．暴露架

暴露架亦称老化架，一般可用玻璃钢材料加工制成，结构简单，牢固耐用，能经受当地最大风力作用，用地脚螺钉与地面相连接。表面用耐气候性好的中灰色油漆刷两遍。

置于暴露架面上的试样最低边离地面距离：草地面暴露场为 0.5m，屋面暴露场为 0.8m。暴露架面朝正南方，按当地纬度角暴露，也允许采用 45°的暴露角。暴露架行距在北纬 35°以南取 1.5m 以上，以北取 2.0m 以上，以不互相遮蔽为宜。试样固定暴露面，不翻转向阳面和背面。试样上下两行之间一般要留（15±5）mm 距离，以利排水和通风。

3．试样

试样以板材为主，也可加工定型的试样条、块和管材，或直接从产品中取得。试样用的各种原材料必须取自同一批号，并在相同条件下同时加工制备，并详细记录原材料的规格、批号、生产单位、成型工艺配方、成型温度、固化时间、环境温湿度等。

4．试验方法

以当地每年温度、湿度同时较高的季节作为试样暴露季节。

试样随机分成两组，一组作室外暴露用，另一组作室内存放，一定周期后同时进行性能测试。

试样暴露一定周期后，须取下进行外观检查和性能测试。用毛刷或软纱团轻擦表面，再详细记录外观变化情况，测量尺寸，然后在室温 20℃±5℃，相对湿度(65±5)%的环境中放置 24h，最后进行性能测试。试样从取样到试验完成不超过 5 昼夜。对于测定弯曲或冲击强度的试样，要将暴露面作为受压面或受冲面。

试样暴露的检测周期一般不少于 5 年。一般取样的周期为 0.5、1、2、3、5、7、10 年。

参加暴露和检测试验人员应相对稳定，每次要有两人共同负责，试验报告必须包括上述各项有关要求及试验条件、所用仪器、暴露场的大气气象资料等。

（三）加速大气暴露试验方法要点

上述自然大气暴露试验方法要经过几年的漫长时间才能得到结果，往往不能满足材料迅速发展的要求。为了克服这一缺点，提出了加速大气暴露试验方法。这种方法是采用具有特殊结构的暴露架代替普通暴露架。由于这类试验是在自然环境中进行的，试样受到的光就是太阳发出的光，因而试验结果与自然大气暴露试验结果有较好的相关性；又由于试样是放置在具有特殊结构的暴露架上的，因而又能达到加速老化的目的。

加速大气暴露试验所用的暴露架有：跟踪太阳暴露架、带反射镜的跟踪太阳暴露架、装有鼓风和喷水装置的暴露架及对试样施加应力的暴露架等。

跟踪太阳暴露架的试样框架由电机带动，从日出到日落始终跟踪太阳旋转，使阳光始终垂直照射试样，以受到更多太阳的辐照能量，加速试样老化速度。带反射镜的跟踪太阳暴露架是在框架上装有数面反射镜，它们将阳光反射聚集到装在框架顶部的试样上，使试样受到比普通暴露架强烈得多的阳光辐射，加速老化效果较明显。装有鼓风和喷水装置的暴露架，用以对试样降温，增加湿度，使试验条件更接近于强化的湿热气候条件，具有更明显的加速效果。

由于加速大气暴露试验同大气暴露试验的影响因素基本相同，致使它的模拟性十分近似于大气暴露试验的结果，同时改善了常规老化周期长的缺点。但加速大气暴露试验设备投资高，且集光后照射面积较小，所以试样投试量不大，设备装置长期暴露在户外容易失灵。

（四）人工加速老化试验方法要点

人工加速老化试验方法是在实验室内用各种老化箱进行老化的一类试验方法。老化箱可以模拟并强化自然环境条件的某些老化因素，加速老化进程，可较快获得试验结果。

1. 沸水煮泡方法

此方法出发点是复合材料在户外老化试验时导致性能下降主要是由潮湿所引起的，所以经试验后认为，如在 96.5～98.5℃下将试样水煮 8h，于 80℃干燥 1h，可相当于在印度半岛南端进行户外暴晒 6 个月的结果。此方法由于考虑了湿度和温度的影响，忽视了日光紫外线等重要因素，而且如果复合材料的基体是耐热不良或遇水易水解的树脂便不能采用，因此有较大局限性。此法对耐湿方面的老化试验仍是一种简便易行、快速的测试方法，它对具有空隙和界面的非均相材料有一定的适用性。

2. 人工气候试验

人工气候试验是在人工气候箱或人工气候室内进行的。人工气候箱也称万能老化试验箱，一般依其光源的光谱特性分为三种类型：紫外碳弧灯型（天津 LH-1

型，广州 LY-2 型，日本东洋理化 WE-SE-2C、WE-T-2NH）；阳光碳弧灯型（天津 LH-2 型，广州 LY-1 型，日本东洋理化 WE-Sun-TC、WE-Sun-DC、WE-Sun-HC）；氙灯型（天津 Snd-l，重庆 Cs-801，美国 60-WR，德国 Xenotest-1200，日本 XW-20）。

人工气候箱中模拟大气环境的因素是光、热、氧、湿度和降雨等，其中光是最重要的因素，所以，人工气候试验所用的光源力求靠近紫外光并具有与太阳能谱曲线相平行的特性。人工气候箱通常分五个组成部分：样品试验室、光源系统装置、调温调湿装置、人工降雨装置、其他辅助设备。

人工气候试验是以模拟大气环境中的各种影响因素为主要对象，所以选择的试验条件应尽量接近于大气老化的实际条件，以期获得与大气老化试验结果相似的试验结果。同时在模拟的基础上要强化其因素的作用以缩短试验时间。许多研究者认为：用人工气候试验方法作为树脂基复合材料配方的筛选，评价新材料、新品种的性能和适用性是一种比较有效的手段。

3．湿热老化试验

由于不少树脂基复合材料对湿热因素比较敏感，在湿热作用下容易生霉或老化变质。如聚酯玻璃钢湿热老化 15 天后抗弯强度下降 30% 以上。对以往试验结果分析表明，高分子材料、复合材料在室内使用或储存时，除了受温度和氧的影响外，相对湿度亦有影响，而且对某些材料的老化也有显著的加速作用。

湿老化的主要表现：一种表现是水分子对材料具有一定的渗透能力，尤其在热的作用下，加速了渗透，使水分子逐步渗入到材料内部并积聚起来形成水泡；同时水与材料发生某些化学作用或物理作用加速材料的老化。另一种表现是热使材料膨胀，分子间空隙增加有利于水分子进入，更加速了老化。

试验条件：一般试验温度为 40~60℃，最高为 70℃，相对湿度为 95% 左右。

试验时首先要严格控制相对湿度，因为老化速度对湿度的敏感性较强；其次，试样放置位置应周期性地、有秩序地进行倒换，否则会因箱内湿度不均匀而影响试验结果。

4．盐雾腐蚀试验

该试验主要是模拟海洋大气或海边大气中的盐雾及其他因素对材料的老化。试验在盐雾箱内进行，主要因素是盐雾、温度和相对湿度。

试验条件：温度 40℃±2℃，相对湿度 90% 以上，盐水浓度 3.5%，喷雾周期为每隔 45min 连续喷雾 15min，试验周期为 24h。

5．霉菌试验

霉菌是生物因素对树脂基复合材料老化破坏的主要类型之一。霉菌试验是用人工加速的方法验证高分子材料、复合材料，包括涂料、橡胶、纤维、塑料等抵抗霉菌能力的试验。试验方法以恒温恒湿应用最广，用于霉菌试验的菌种有黑曲霉、萨氏曲霉等 10 种。试验箱内保持 30℃±2℃，相对湿度（96±2）%，时间 28～42 天，有时需延长至 3 个月以上。试验结果用肉眼或在 10～50 倍放大镜下观察。评定等级分四级：一级不长霉；二级轻微长霉；三级中量长霉；四级严重长霉。

思 考 题

1. 分析试样的拉伸强度随老化时间的变化规律。
2. 如何提高复合材料的耐湿热老化性能？
3. 在日常维护中应如何减缓湿热老化、延长使用寿命？

附录 A 复合材料机械加工的工具和基本参数

表 A-1 芳纶复合材料加工工具

工具	刀具材料	进给量
锪 钻	硬质合金	0.3mm/r 1000～2000r/min
铣 刀	硬质合金尖	0.8～3m/min 10000～30000r/min
带 锯	硬质合金尖	1300～2000m/min 视材料厚度
曲线锯	硬质合金尖	2500～3000 次/min 视材料厚度

表 A-2 碳纤维和玻璃纤维复合材料的加工工具

工具	刀具材料	进给量
锪 钻	硬质合金	0.05～0.2m/min 800～1200r/min
锪 钻	金刚石尖	0.1～0.3m/min 1200～2400r/min
铣 刀	硬质合金或金刚石尖	150～500m/min 视材料厚度
带 锯	金刚石尖	150～400m/min 视材料厚度
曲线锯	金刚石尖	1000～2000 次/min 视材料厚度

附录 B 复合材料原材料相关数据

表 B-1 结构用热固性树脂

树脂	品牌代号		最高使用温度/℃	特点与评价
	国内	国外		
基准环氧	5208 3501-6 3502 934	5222	120	综合结构性能优良，应用最早，工艺性好，耐湿热性能良好； 性能偏脆，韧性一般 180℃，2h 固化
改性环氧	913C	3234 HD58 NY9200ZG	80	韧性提高，耐湿热性能略下降 120℃，2h 固化
	914C	HD03 NY9200G 5224	130/100	使用温度提高，韧性好 180℃，2h 固化（914 需后处理）
韧性环氧	8552 R6376	5228	150/120	韧性好，抗冲击，高应变，已广泛应用 180℃，2h 固化
高韧性环氧	977-2 977-3	5288 BA9811	120/100	高韧性，CAI 达到 270～290MPa 180℃高温固化
	8551-7 3900-2 977-1		120/100	超高韧性，CAI 达到 300MPa 满足波音公司民机 BMS8-276 标准
改性双马	5245C 5250-2	5405 QY8911	130～150	韧性和工艺性好，耐高温 185～190℃，2h 固化 200～240℃，2～4h 后处理
韧性双马	5250-4	5428 QY9511	150～170	韧性好，耐湿热性好，改变固化温度，CAI 可在一定范围内变化
高韧性双马	5260	5429	180	韧性优良，CAI 达到 250MPa 以上
耐高温双马	5270	QY8911-Ⅱ	230	耐湿热，韧性中等 后处理温度高，时间长
聚酰亚胺	PMR-15	KH304 LP-15 BMP316	280～320	使用温度高，工艺性差

表 B-2 常用纤维的性能比较

纤维品种		拉伸模量/GPa	拉伸强度/MPa	断裂伸长率/%	密度/(g/cm³)	纤维直径/μm
碳纤维	T300	230	3530	1.50	1.76	7
	AS4	248	4070	1.65	1.80	7
	HTA	235	3600～4300	1.5～1.8	1.76	7
	T700S	230	4900	2.10	1.80	7
	IM6	300	5100	1.75	1.75	5
	IM7	300	5400	1.85	1.80	5
	T800H	294	5490	1.90	1.81	5
芳纶	Kevlar49	130	3620	2.6	1.44	12
	Kevlar149	185	3500	2.0	1.47	12
S玻璃纤维		86	4500	4.5	2.49	8～14 100～200
硼（W）纤维		400	3800	1.0	2.50	
铝合金		70	400	>5	2.7	
钛合金		120	710	>5	4.5	
钢		200	420	>5	7.8	

表 B-3 几种高性能热塑性树脂

树脂		玻璃化转变温度/℃	熔融温度/℃	施工温度/℃
聚醚醚酮	PEEK	143	340	360～400
聚醚酮	PEK	165	365	400～450
聚醚砜	PES	260	360	400～450
聚醚酰亚胺	PEI	270	380	380～420
聚苯硫醚	PPS	85	285	约330

参 考 文 献

[1] 陈绍杰. 复合材料结构修理指南[M]. 北京：航空工业出版社，2001.

[2] 沈真.复合材料结构设计手册[M]. 北京：航空工业出版社，2001.

[3] 杨乃宾，章怡宁. 复合材料飞机结构设计[M]. 北京：航空工业出版社，2002.

[4] 陈祥宝. 复合材料结构损伤修理[M]. 北京：化学工业出版社，2001.

[5] 葛邦，杨涛，高殿斌，等. 复合材料无损检测技术研究进展[J]. 玻璃钢/复合材料, 2009, (6)：67-71.

[6] 刘怀喜，张恒，马润香. 复合材料无损检测方法[J]. 无损检测, 2003, 25(12)：631-634.

[7] 张子龙，向海，雷兴平. 航空非金属材料性能测试技术[M]. 北京：化学工业出版社，2014.

[8] 虞浩清，刘爱平. 飞机复合材料结构修理[M]. 北京：中国民航出版社，2017.